建筑模型制作
——建筑·园林·展示模型制作实例

郭红蕾 阳虹 师嘉 杨君 编著

中国建筑工业出版社

图书在版编目（CIP）数据

建筑模型制作——建筑·园林·展示模型制作实例/郭红蕾、阳虹、师嘉、杨君编著. — 北京：中国建筑工业出版社，2007（2021.3重印）
ISBN 978-7-112-09196-6

Ⅰ.建… Ⅱ.①郭…②阳…③师…④杨… Ⅲ.模型（建筑）- 制作 Ⅳ.TU205

中国版本图书馆CIP数据核字（2007）第037509号

责任编辑：郑淮兵
责任设计：赵明霞
责任校对：孟 楠 安 东

建筑模型制作
——建筑·园林·展示模型制作实例
郭红蕾 阳虹 师嘉 杨君 编著

*

中国建筑工业出版社出版、发行（北京西郊百万庄）
各地新华书店、建筑书店经销
天津翔远印刷有限公司印刷

*

开本：787×960毫米 1/16 印张：$7\frac{1}{2}$ 字数：162千字
2007年6月第一版 2021年3月第九次印刷
定价：50.00元
ISBN 978-7-112-09196-6
（15860）

版权所有 翻印必究
如有印装质量问题，可寄本社退换
（邮政编码 100037）

本社网址：http://www.cabp.com.cn
网上书店：http://www.china-building.com.cn

编委会成员名单

主　任：孙玉珍

副主任：吴金柱　李西宁

主　编：郭红蕾

副主编：阳虹　师嘉　杨君

前　　言

本书本着实用、够用、创新为基本原则,力求体现艺术类教材的特点,集知识性、实践性、指导性与创造性于一身,突破传统教材的模式,以便更好地激发学生学习、动手制作的积极性和无限的创造力与想像力,领会技术知识的内涵,并与实践紧密结合,更快、更熟练地掌握建筑、园林、展示模型的制作技能。

在本书具体的编写过程中参考了大量的资料,也得到了许多同仁和模型公司的帮助与支持,在此表示感谢。其中,特别要感谢北京服装学院艺术设计学院的吴金柱老师、李政老师、于清渊老师、董治年老师的技术指导,北京服装学院艺术设计学院环境艺术专业和北京市工艺美术职业技术学校装饰艺术专业的同学们提供的图片支持,北京市工艺美术职业技术学校的领导、老师和中国林业科学研究院的周海宾同志给予的理解与大力支持,衷心感谢郑淮兵编辑一直给予的无私帮助。(因为通信地址不清楚或其他原因,可能对于一些曾经给予帮助的人士或单位,在这里没有提到,请多多包涵。)

因为编写时间仓促,编者水平有限,错误和不足之处在所难免,敬请广大读者及相关专业人士批评指正。

目 录

第一章 概论 ... 1
第一节 概述 ... 1
第二节 模型的发展史 ... 2
第三节 模型的用途 ... 3
第四节 模型制作的要求 ... 3
第五节 先进的高科技使用 ... 4
第六节 模型分类 ... 5

第二章 工具分类 ... 9
第一节 测绘工具 ... 9
第二节 剪裁、切割工具 ... 11
第三节 打磨喷绘工具 ... 16
第四节 其他工具 ... 20

第三章 材料分类 ... 25
第一节 主材类 ... 25
第二节 辅材类 ... 30

第四章　主要工具的使用和常用材料的加工处理方法　47
第一节　主要工具的使用方法　47
第二节　常用模型材料的加工处理方法　50
第三节　模型的制作过程　51

第五章　建筑模型的设计与制作　53
第一节　建筑模型的项目确定　53
第二节　建筑模型设计与制作　53
第三节　建筑模型制作技法　61
第四节　建筑模型制作实例　78

第六章　园林模型的设计与制作　89
第一节　传统园林模型制作的通则和比例的把握　89
第二节　园林模型的设计与制作　92
第三节　园林模型的制作技法　93
第四节　园林模型制作实例　95

第七章　展示模型的设计与制作　99
第一节　概述　99
第二节　展示模型的种类　102
第三节　展示模型的制作方法　103
第四节　展览、展示模型的制作实例　105

第八章　模型作品赏析　107

第一章 概 论

第一节 概 述

当今社会,在进行建筑外形、内部结构等的构思时,将实体微缩成模型来进行预览,探索最终的效果,是目前国内外建筑师及建筑设计事务所常用的手法。随着设计的深入,模型也逐渐扩大比例和增加细部,使设计进一步的接近完美。由此可见,无论是建筑模型、园林模型还是展示模型都是一种很好的设计意图表达方式。

模型制作是艺术设计中的一个极为重要的表现方法,是设计思想的体现和浓缩。如今,作为建筑、园林、展示设计表现手段之一的模型制作已进入到一个全新的阶段,它已成为房地产市场、城市规划必不可少的道具之一。这三类模型日益被广大环境艺术设计界同行所重视,原因就在于它能有机地将形式与内容完美地结合在一起,以其独特的形式向人们展示了一个立体的视觉效果。它以特有的微缩手段,真实地表现出建筑的立体空间效果,它的表现力和感受力是设计中的透视效果图、立体图和剖面图无法代替的。一个比例正确,制作精细,色彩搭配和谐的模型不但能通过视觉传递建筑、景观、展示设计的内涵,还可以让观众通过触摸来亲身体验,使人们从二维的平面图转化为三维的立体模型,效果更加形象、逼真。建筑模型创作与制作的内容也是极其广泛的,其主题可以灵活选择,如历史的宗教类,体育类,民居类;政治性的纪念性建筑,如人民大会堂、遵义会议会址、北京故宫等。材料更是丰富多彩:木材、石膏、有机玻璃、ABS板、吹塑纸、卡纸等等。

模型的作用也是非常重要的。专业设计人员,通过立体模型,可以更好地对原设计中的功能、形态、构造、结构、空间和色彩等进行多方位的探索,并发展和完善。

现在,模型制作被人们称之为造型艺术,这种造型艺术对每一个模型制作人员来说是一个学习掌握的过程。每个模型制作者时刻都在接触各种材料、使用工具,都在无规则地加工,破坏各种物质的形态,并将视觉对象推到原始形态,利用各组合要素,按照形式美的原则,依据内在的规律组合成为一种新的立体多维形态。该过程涉及许多学科的知识,同时又具有较强的专业性。

随着科技的不断进步,对沙盘和模型的制作提出了越来越高的要求,其用途也从原来的单一展览展示向多用途扩展。当前的建筑、园林、展示模型制作已不是简单的仿型制作,它是一项科技与艺术和谐结合的活动项目。它以三维立体的形式,将抽象的建筑设计图纸转化为形象立体的建筑模型,表现建筑师的设计意图和效果。它是制作者用各种技术和技巧,将各种不同材料通过巧妙构思和精心设计制作成的一件微缩艺术品。专家介绍,这种模型设计制作是个投资少、见效快的行业,不需要很大场地,对从业人员的文化水平、年龄、性别等条件的限制也不多。它还是一个没有各类污染、回报多的都市产业,对促进就业、发展社会经济作用很大。随着中国城市规划业、建筑设计业、房地产业的高速发展,建筑设计师、城市规划师、房地产商、展览商等都青睐建筑模型形象、直观的优势,这势必促进建筑模型制作业进一步发展。

第二节　模型的发展史

　　模型并不是现代社会的产物,早在遥远的古代,建筑或其他物体的按比例微缩的模型就已经以不同的形式或不同的目的出现了,最初是被作为祭祀品放置在墓室里,在古希腊和古罗马时代,也只不过是在文学作品中被提到而已。被公认最早的建筑模型是希罗多德(Herodotus)在他的作品中描述的德尔斐神庙模型。现代的考古学家和历史学家经过研究考证,认为古埃及人修建的庙宇或陵墓完全受宗教的限制,并不直接按照模型来造房子,也可能是因为技术不成熟,当时的建筑师们不能按小比例模型来工作,否则会导致建筑的不准确性。

　　直到中世纪,小比例的木制建筑模型才逐渐被广大建筑设计师所使用,用来与甲方交流设计意图与想法,推敲建筑外形及空间的合理性。到哥特时代末期,出现了建筑局部模型,用于研究建筑细部结构与大效果。实际上,最早的建筑模型出现在14世纪中期,主要作为设计的辅助手段。15世纪文艺复兴初期,它又被赋予新的内涵,特殊模型广泛应用于大项目建筑中。比如米开朗琪罗(Michelangelo)的圣保罗大教堂的穹顶模型,就是做了一个详细的局部模型,来推敲穹顶的结构是否合理,同时来检验视觉效果,最终确定造型设计方案。

　　到了16世纪,建筑师已完全利用工程制图法在三维空间中搞创作了,模型也开始承担不同的角色,成为解释设计创意的常用工具。此时的模型,精确度比起之前,已经有了很大的进步,它的作用也由推敲方案慢慢扩大到展示建筑本身的形式美。18世纪中叶,伴随着许多技术学院的新建,模型教学得到迅速发展。模型制作使用的材料主要为木头、灰膏、卡纸或滑石粉,19世纪早期又采用纸板和软木材料,并且在一些大型公共建筑竞标中要求必须有模型。

　　随后在20世纪初期,超级模型作为建筑设计辅助工具的地位得到进一步确立,在无数建成或未建成的现代主义经典作品诞生的过程中起到至关重要的作用。它逾越了纸上谈兵和真实世界之间的鸿沟,解决了二维图纸不能完成的难题,通过三维空间的完整展现,帮助甲方和建筑设计师更直接、更详细地去分解建筑造型、内部空间、表面肌理及各个小的局部构件等。它还可以加快创作过程,使设计过程变得便捷而且准确。

　　现在,正如我们所看到的,建筑、园林、展示模型已越来越受到人们的欢迎与喜爱。为满足不同目的而产生的整体建筑模型、局部模型、足尺模型、概念模型等在相关的许多领域也都承担着不同的角色,发挥着举足轻重的作用。

第三节 模型的用途

模型的用途是非常广泛的:一方面服务于创作过程,另一方面模型也是一种浅显易懂的交流手段,服务于创作过程,用以推敲造型、结构、体量、采光、空间关系、局部细节等,包括竞标、与甲方沟通、与非专业人士的交流、展览展示等。

模型在整个设计过程中的用途主要表现在:

一、使设计构思更加完善

在项目设计过程中,当各种平面设计构思初步成形后,为了使其使用功能、外表形态、内部构造、细部结构、整体色彩等构思要素更加深入和合理并得到完善,需要制作一些模型来帮助设计师进一步推敲、修改、完善原来的设计创意。此时的模型便起到了一个最基本的立体草图的作用,它能够帮助设计师对方案进行更加深入、更加透彻的研究和探索。

二、建筑物的真实再现

实体模型是向观看者展示某一建筑、景观、展示空间实体的一种形式,在确定比例、材料和色彩时要求模拟真实的建筑物、景观和展示空间,在制作工艺方面要求也比较精细。其作用是传递、解释、展示设计项目的设计思路,同时也使建筑单位、审查单位等有关方面对设计综合效果有一个比较真实的感受和体验。

三、正确指导施工

在结构比较复杂的设计方案中,往往有一些细小的部位采用较复杂的构造,而施工单位在平面图、立面图上不易看懂。此时,就可以采用实体模型的方式来展示所设计的方案细部的结构特点,便于施工单位更好地按照设计方案进行施工,对于施工有良好的指导作用。

第四节 模型制作的要求

制作建筑、园林、展示模型的基本要求:

一、横平竖直

它包含两层意思,一是指各种线条,横线必须水平,立面必须垂直;二是指模型制作一定要精细。

二、平整流畅

这是指面而言的,它要求平面平整,曲面流畅自然。

三、整洁牢靠

整洁就是要求我们制作的模型看上去非常干净，没有百得胶留在墙面或顶面上的痕迹；牢靠是对各个交接处而言的，要坚固、结实，能够长时间保留。

第五节　先进的高科技使用

随着高科技的发展，制作技术的进步，许多新兴的高科技越来越广泛地被应用到模型制作当中。一些大规模的模型制作公司，技术力量雄厚，设备先进，精密度高，并引入电脑切割制模、电脑三维模型等尖端科技，结合实际声、光、电子、水雾、真水音乐喷泉、霓虹灯闪烁、动感汽车、动感水面等特殊效果，使模型更逼真、传神，更具吸引力和震撼力。

现在，模型制作中常使用的高新技术有：

一、声的技术

可以在模型之中使用独特的语音制作，采用电子芯片将项目介绍配合背景音乐制作成独立系统，使参观者更加清楚地了解展示项目。

二、光的支持

运用先进的灯光制作技术，可将建筑物顶棚灯、各种彩色闪动室内灯、路灯、环境灯、霓虹灯闪烁、礼花灯、汽车大灯尾灯闪烁、流动的车流灯、水底灯等制作成动感灯光，夜景效果绚丽多彩，从而增加模型的视觉效果。

灯光显示功能主要有常亮、循环、群闪、单闪、直射五种基本形式。用于照明、装饰、指向等。

在建筑内部采用泛光小灯泡营造夜景楼宇效果；与路灯、庭院灯、镭射灯、水岸灯、草坪灯等进行分段控制；楼体及室内灯光可分段分层、间隔进行，增强模型的生动感观。

周边的绿化丛中可设闪烁走动的灯光，有如现实都市繁华中温馨美好的家园。商场灯光更加闪烁生辉，旋转广告灯箱增加模型的商业氛围。动感灯光还可以采用电脑程序式控制或激光控制灯光的开关、移动、强弱、明暗等，增加模型的生机。

三、电的技术

使用电路制作，将模型中不同的电路系统分区制作，分区控制。创新研制的电路制作，可将剖面模型的内部灯光效果加以逼真展现。

四、水的技术

为了使模型更加逼真，除拥有常规水面制作方法外，还可以使用微型封闭式真水系统和利用光栅折射原理制作的动感水面，可生动、直观地表现海洋、江河、湖泊、溪流水道、喷泉等不同水体的真实效果。采用喷头、水泵等，配备美妙的音乐，喷泉可随音乐的高低起伏。

五、动感技术

为了使模型展示效果更加突出,采用多项独有的高科技电动模型技术,将汽车、火车、轮船、油田抽油机、井架钻杆、齿轮转动、微型跑动汽车、火车、飞机、人物健身活动、电动旋转底盘、电动升降底盘等动感效果逼真表现。

六、遥控技术

将传统的遥控技术进行创新,并应用到模型制作中,可将模型中不同系统进行自由控制,可采用手动触摸与遥控相结合控制模型演示。

第六节　模型分类

建筑模型按表现形式和最终用途一般可分为:方案模型、展示模型、工作模型、概念模型、场地模型、结构模型、细部模型、足尺模型。

一、方案模型

包括单体建筑和群体建筑模型两种模型(图1-6-1)。

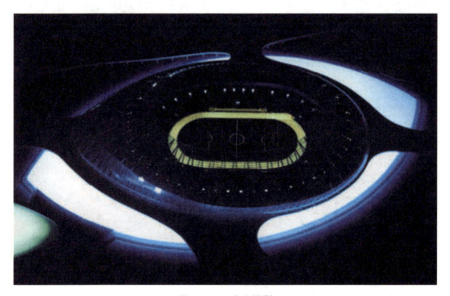

图1-6-1　方案模型

它主要用于建筑设计过程中的现状分析,推敲设计构思,论证方案可行性等工作环节。这类模型由于侧重面不同,因而制作深度也不一样。一般主要侧重于内容,对于形式的表现则要求不是很高。

二、展示模型

包括单体建筑和群体建筑两种模型（图 1-6-2）。

图 1-6-2 展示模型

它也可以叫做表现模型，是建筑师在完成建筑设计后，将方案按一定比例微缩后制成的一种把所有建筑细部都完美表现出来的模型。这种模型无论是材料的使用，还是制作工艺都十分讲究，它不是为设计决策，其主要用途是在各种场合上展示建筑师的设计成果。

三、工作模型

包括单体建筑和群体建筑两种模型（图 1-6-3）。

它是建筑师在做方案的时候，将概念附注于实体上，用来分析方案的具体的一种模型。注意大体，而不注意细节。

四、概念模型

包括单体建筑和群体建筑两种模型（图 1-6-4）。

它是设计师的设计想法在还比较朦胧时形成的三维的表现形式，主要是建筑师最初想法的体现，讲究的是大体的感觉，大块面积的体现，伴随着设计思路的形成。当设计师在三维空间中进行推敲，最终形成并逐步完善时，这种过程一直都是具有很大的选择性。一般情况下，概念模型都是快速制成，用于激发灵感。

图 1-6-3 工作模型

图 1-6-4 概念模型

五、场地模型

包括单体建筑和群体建筑两种模型（图 1-6-5）。

它一般是在设计还未开始进行之前制成的。主要用于分析建筑的环境、地形，并通过分析场地模型，考虑新的将要规划的项目会不会影响现存建筑等，配合建筑师更好地整体考虑新建筑的设计。通常，场地模型中的等高线是用粘结片层材料装配而成的，如泡沫板、胶合板、软木板以及有机玻璃和各种纤维板等材料。

六、结构模型

包括单体建筑和群体建筑两种模型（图 1-6-6）。

它主要是作为三维的实体模型，常表现为自然的骨架而不进行过多的外表装饰。主要是用来表明建筑细部结构、构造等。它可以制成各种比例，有时还可以与场地模型搭配使用，来帮助建筑师分析内部结构和外部结构，更好地为设计服务。

图 1-6-5 场地模型

图 1-6-6 结构模型

七、细部模型

包括单体建筑和群体建筑模型（图1—6—7）。

它体现了建筑细部的设计和制作，在材料和工艺上都十分细致讲究。

八、足尺模型

包括单体建筑和群体建筑两种模型（图1—6—8）。

图1—6—7 细部模型

图1—6—8 足尺模型

顾名思义，就是做一个与实际尺寸一致的模型，以单体建筑居多，其中包括1∶1的建筑构件、足尺的房间和建筑局部等，多用于雕塑中。足尺模型又称样品屋或实品屋，是我国在20年前房地产热时所遗留下来的风气，通常只注重视觉高度下看得见的建筑物外表与室内装潢，这时足尺模型里的家具与设备，通常就是实品而不是模型了。这种模型一般很少有机会得以实现，只有在得到一个大项目的时候才能制成一个局部的实际样本来作为研究。

第二章　工具分类

工具是制作模型时所必需的器械。

在建筑模型制作中，一般操作都是用手工和半机械加工完成的，因此，选择使用工具尤为重要。一般来说，只要能够进行测绘、剪裁、切割、打磨等就可以了，也可以选择一些小型专用工具。

工具是随制作物的变化而进行选择的，从某种意义来说，它影响和制约模型制作，但同时又受到资金和场地的制约。

第一节　测绘工具

在建筑模型制作过程中，测绘工具是十分重要的，它直接影响着建筑模型制作的精确度。

一、一般常用的测绘工具有

（一）三棱尺（比例尺）

三棱尺是测量、换算图纸比例尺度的主要工具。其测量长度与换算比例多样，使用时应根据情况进行选择（图2-1-1）。

（二）直尺

直尺是画线、绘图和制作的必备工具，一般分成有机玻璃和不锈钢两种材质，其常用的长度有：300mm、500mm、1m或1.2m几种（图2-1-2）。

图2-1-1　三棱尺

图2-1-2　直尺

（三）三角板

三角板用于测量、绘制平行线、垂直线、直角与任意角的量具。一般常用的是 300mm（图 2-1-3）。

（四）弯尺

弯尺是用于测量 90°角的专业工具。尺身为不锈钢材质，测量长度规格多样，是建筑模型制作中切割直角时常用的工具（图 2-1-4）。

图 2-1-3　三角板

图 2-1-4　弯尺

（五）圆规

圆规是用于测量、绘制线图时的常用工具，一般常用的一种是有一角是尖针，另一种是铅芯和两角均是尖针的圆规（图 2-1-5）。

（六）游标卡尺

游标卡尺是用于测量加工物件内外径尺寸的量具，同时，它又是塑料材料画线的理想工具，其测量精度可达 0.02mm。一般常用的有 150mm、300mm 两种量程（图 2-1-6）。

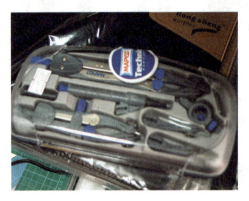

图 2-1-5　圆规

图 2-1-6　游标卡尺

（七）模板

模板是一种测量、绘图的工具。它可以测量、绘制不同的图案（图2-1-7）。

（八）蛇尺

蛇尺是一种可以根据曲线的形状任意弯曲的测量、绘图工具。尺身长度为300mm、600mm、900mm等多种规格（图2-1-8）。

（九）合尺

合尺是制作模型必备的量具（图2-1-9）。

以上工具基本可以满足测量、缩放、画线等多种基本操作。

二、测绘工具使用时应注意的事项

（一）刻度的准确性，减少误差、返工。

（二）测绘用具和制作工具应严格区分，减少磨损、角度不准、直线弯曲等。

图2-1-7 模板

图2-1-8 蛇尺

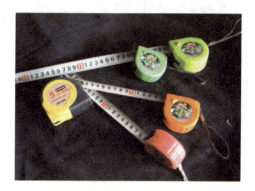

图2-1-9 合尺

第二节　剪裁、切割工具

剪裁、切割工具的使用一直贯穿模型制作过程的始终。

一、勾刀

勾刀是切割塑料类板材的专用工具。刀片有单刃、双刃、平刃三种。它可以按直线和弧线切割一定厚度塑料板材，同时，它还可以用于平面划痕（图2-2-1）。

二、手术刀

手术刀是用于建筑模型制作的一种主要切割工具，刀刃锋利，广泛用于即时贴、卡纸、PVC、航模板等不同材质，不同厚度材料的切割和细部处理（图2-2-2）。

三、推拉刀（壁纸刀、美工刀）

推拉刀俗称壁纸刀，它与手术刀的功能基本相同，在使用中可以根据需要随时改变刀刃的长度（图2-2-3）。

四、45°切刀

45°切刀用于切割45°斜面的一种专用工具。主要用于纸类、聚苯乙烯类、PVC板等材料的切割，切割厚度不超过5mm（图2-2-4）。

五、切圆刀

切圆刀与45°切刀一样，同属于切割类专用工具。适用的切割材料范围与45°切割刀相同（图2-2-5）。

图2-2-1 勾刀

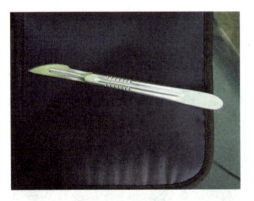

图2-2-2 手术刀

图2-2-3 推拉刀

图2-2-4 45°切刀

图2-2-5 切圆刀

六、剪刀

剪刀是剪裁各种材料必备的工具,一般需大小各一把(图2-2-6)。

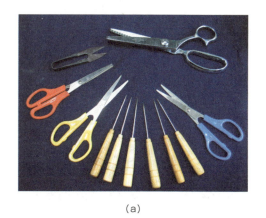

(a)

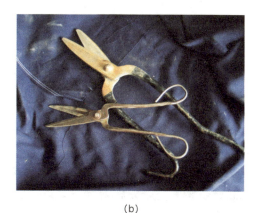

(b)

图2-2-6 剪刀

七、钳子

钳子也是常用的剪裁工具,主要剪切铁丝等比较硬质的材料。常用的类型有强力平嘴钳、尖嘴钳、斜嘴钳等(图2-2-7)。

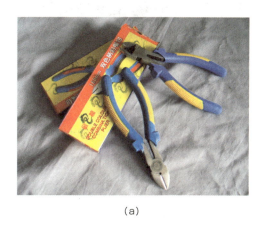

(a)

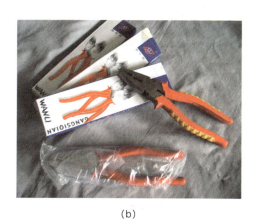

(b)

图2-2-7 钳子

八、手锯

手锯俗称钢锯,是切割钢质材料的专用工具,此种手锯的锯片长度和锯齿粗细不一,选购和使用时应根据具体情况而定(图2-2-8)。

九、钢锯

钢锯是适用范围较广的一种切割工具。该锯的锯齿粗细适中,使用方便,可以切割木质类、塑料类等多种材料(图2-2-9)。

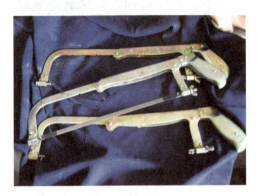

图2-2-8 手锯

图2-2-9 钢锯

十、电动手锯

电动手锯是切割多种材质的电动工具。具有体积小、灵活方便的特点,可切割刨花板、大芯板、中密度板等。

该锯适用范围较广,使用中可任意转向,切割速度快,是材料粗加工过程中的一种主要切割工具(图2-2-10)。

十一、曲线锯

曲线锯可分为台式和手动两种。

电动曲线锯俗称线锯,是一种适用于木质材料切割的电动工具,该锯使用时可以根据需要更换不同规格的锯条,加工精度较高,能切割直线、曲线及各种图形,是较为理想的切割工具(图2-2-11)。

图2-2-10 电动手锯

十二、电热切割机

电热切割机主要用于聚苯乙烯类材料加工。它可以根据制作需要进行直线、曲线、圆及建筑立面细部的切割,操作简便,是制作聚苯乙烯类建筑模型的必备切割工具(图2-2-12)。

十三、电脑雕刻机

电脑雕刻机是制作建筑模型的专用设备,它与电脑联机,可以直接将建筑模型立面及部分的三维构件直接一次性雕刻成型,是目前建筑模型制作所应用的最先进的设备(图2-2-13)。

第二节 剪裁、切割工具

(a)
图 2-2-11 曲线锯

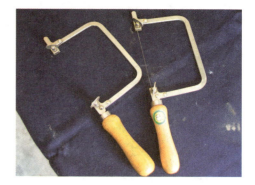
(b)

图 2-2-12 电热切割机

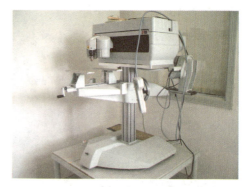
图 2-2-13 电脑雕刻机

十四、雕刻铲

雕刻铲按套分类,有圆铲、平铲、45°切铲,适用于木模型的雕刻加工和壁画、装饰雕刻用具(图 2-2-14)。

十五、玻璃刀

适合切割钨玻璃、平光玻璃、磨沙玻璃等材料(图 2-2-15)。

图 2-2-14 雕刻铲

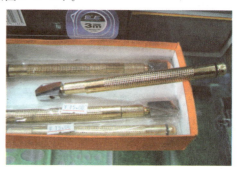
图 2-2-15 玻璃刀

15

第三节　打磨喷绘工具

打磨是建筑模型制作的又一重要环节。在建筑模型制作中,无论是粘结或是喷色前都要进行打磨,其精度直接影响到建筑模型制成后的视觉效果。

一、砂纸

砂纸分为木砂纸和水砂纸两种,根据砂粒数目分为粗细多种规格,使用简便、经济,可以适用于多种材质、不同形式的打磨。打磨砂纸选用水砂纸,由400～2000号(由粗到细),根据不同的需要来选用。用时最好把砂纸固定在一个物体的平面来用,用时再沾一些水可以使打磨的表面更细腻,效果更好(图2-3-1)。

二、砂纸机

砂纸机是一种电动打磨工具,主要适用于平面的打磨和抛光,该机打磨面宽,操作简便,打磨速度快,效果好,是一种较为理想的电动打磨工具(图2-3-2)。

图2-3-1　砂纸

图2-3-2　砂纸机

三、锉刀

锉刀是一种最常见、应用最广泛的打磨工具,它分为多种形状和规格。常用的有:板锉、三角锉、圆锉三大类。板锉主要用于平面及接口的打磨,三角锉主要用于内角的打磨,圆锉主要用于曲线及内圆的打磨。一般选用粗、中、细三种(图2-3-3)。

四、什锦锉

什锦锉(组锉)是由多种形状的锉刀组成,锉齿细腻,适用于直线及不同形状孔径的精加工(图2-3-4)。

第三节 打磨喷绘工具

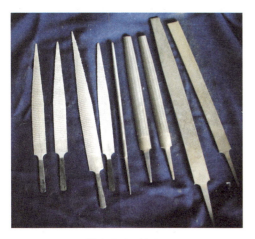

图 2-3-3 锉刀

图 2-3-4 什锦锉

五、木工刨

木工刨主要用于木质材料和塑料类材料平面和直线的切割、打磨，它可以通过调整刨刃露出的大小，改变切割和打磨量，是一种用途较为广泛的打磨工具。一般常用规格为：5.08cm、10.16cm、25.4cm（图2-3-5）。

六、小型台式砂轮机

小型台式砂轮机主要用于多种材料的打磨，该砂轮机体积小、噪声小、转速快并可无级变速、加工精度较高、同时还可以连接软轴安装异型打磨工具，进行各种细部的打磨和雕刻，是一种较为理想的电动打磨工具（图2-3-6）。

图 2-3-5 木工刨

图 2-3-6 小型台式砂轮机

七、气泵、喷枪、喷笔

气泵有大、中、小三种型号,在模型制作过程中,我们常用的是小型气泵,用气线连接喷枪、喷笔使用的专业工具,能够起到很好的效果,常在家装中使用。油漆喷笔主要是用在给模型上色时使用,上色均匀,效果好。

喷漆涂装的优越性是很明显的,喷出的漆,会很均匀的附着到模型表面,还有就是制作一些迷彩图案的时候,喷的效果要远远好于手涂的效果,不同颜色之间是自然过渡,而不是像笔涂那样生硬结合。

喷漆一般多用喷笔和喷泵来进行,也可用罐喷漆。相比之下,喷笔和喷泵一次性投资大,但以后花费较小,而且适用范围广泛,罐喷漆方便,颜色准确,但多用于单色喷涂。另外,罐喷漆不一定要用喷罐喷出来,如果有了喷笔以后,也可以把喷罐里的漆,喷到喷笔料斗里,再喷到模型上。因为喷罐喷出来的漆量不可调,面积又很大,漆的雾化效果也没有喷笔的效果好(图2-3-7~图2-3-9)。

八、直钉枪、码钉枪

用气泵、气线连接直钉枪、码钉枪组装加固沙盘或山体结合使用。也是家装必备专用工具(图2-3-10)。

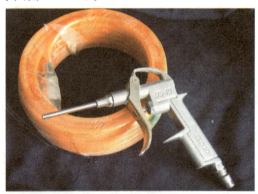

图2-3-7 气泵

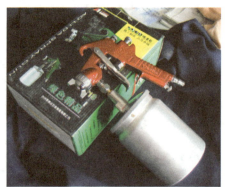

图2-3-8 喷枪

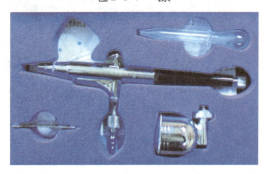

图2-3-9 喷笔

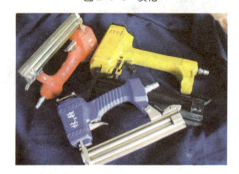

图2-3-10 直钉枪、码钉枪

第四节 其他工具

九、台虎钳

大小型号各异,适用在工作台上夹住工件进行锯、锉等作用,是模型制作必不可少的工具(图 2-3-11)。

十、卡子

卡子的种类很多,主要是两种以上物体连接胶合,起固定作用(图 2-3-12)。

十一、打磨机

打磨机也叫抛光机,种类很多,有立式的,平式的,也有手提式的,在模型制作过程中为材料打磨抛光使用(图 2-3-13)。

图 2-3-11 台虎钳

图 2-3-12 卡子

图 2-3-13 打磨机

第四节 其他工具

一、较常用简单工具

（一）电烙铁

适合金属材料的焊接，如：灯光、照明的连接专用工具（图2-4-1）。

（二）镊子

镊子（图2-4-2）功用，主要是为了夹取细小零件，或进入狭小空间进行装配时使用的利器。购买时，强度高、弹性好是选购的要点。

图2-4-1 电烙铁

镊子有许多种，请您根据需要来选购。根据使用需要，大小型号各异，种类较多，有鹰嘴精密镊子、高弹力精密镊子、不锈钢无线电镊子等，是捏取细小物品和粘合细部时常用到的一种工具。

二、其他工具图列（图2-4-3～图2-4-25）

图2-4-2 镊子

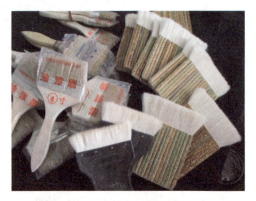

图2-4-3 排刷和油漆刷

图2-4-4 玻纤网格胶带

图2-4-5 腻子铲

第四节　其他工具

图 2-4-6　塑料刮板

图 2-4-7　台式 45°切刀

图 2-4-8　玻璃胶和密封胶枪

图 2-4-9　抹子和刮板

图 2-4-10　钳子

图 2-4-11　十字和一字改锥

图 2-4-12　大剪子

图 2-4-13　粗沙带

图 2-4-14　锤和活搬子

图 2-4-15　微型电动小台锯

图 2-4-16　手摇钻

图 2-4-17　剪刀

第四节　其他工具

图 2-4-18　平口钳

图 2-4-19　手推电刨

图 2-4-20　角磨砂轮机

图 2-4-21　修边机

图 2-4-22　电钻

图 2-4-23　小型锯

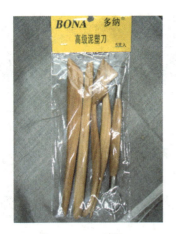

图 2-4-24 泥塑刀

图 2-4-25 小气泵

第三章 材料分类

材料是建筑模型构成的一个重要因素,它决定了建筑模型的表面形态和立体形态。

常用模型材料有木材(胶合板、密度板、模型板、细木线、木皮等)、复合板材(PVC板、泡沫板、苯板等)、透明材料(玻璃、有机玻璃、塑料板、水晶等)、塑型材料(石膏、橡皮泥、黏土等)、金属材料(铝板、钢板、铜板、金属丝等)、纸类(纸板、有色纸、绒纸、瓦楞纸等)、成品材料(树木、绿地、铺装、屋顶、装饰物、车、人等)、其他辅助材料。

材料有多种分类法。有按材料产生年代划分的,也有按材料的物理性和化学性划分,我们主要从建筑模型制作的角度上划分为:主材和辅材两大类。

第一节 主材类

主材是用于制作建筑主体部分的材料,一般通常采用的是纸材、木材、塑料材三大类。了解主材的基本特性才能作到物尽其用,得心应手,才能达到事半功倍的效果。

一、纸材类

纸模型其实有着百年以上的历史,至今仍然受到许多玩家的欢迎,虽然有着渐渐没落的悲伤,却因为电脑的帮助及网络的进步发展,加上纸模型设计图有着传输便利的优势和可以分享的特性,随着数字时代的到来,纸模型展开图透过档案的储存、网络的传输,让世界的彼端也能够组合不同设计师的作品,就这样,在传统的纸艺中又开始受到欢迎。

在各类模型材料中,纸材是建筑模型制作中最基本最简单的,也是被大家所广泛采用的一种材料(图3-1-1)。纸材易于裁切但延展性差,适合于制作大部分外观形态简洁、形态凹凸面变化不大的模型。通常被设计师用来制作成设计初期的研究性模型。

(一)纸材的分类

根据纸的厚度可分为:单层纸(厚度约0.25mm)、双层纸(厚度约0.32mm)、三层纸(厚度约0.4mm)、四层纸(厚度约0.6mm)、硬卡纸(厚度约0.8~1.6mm)。在使用过程中,根据模型的具体要求选择适合的纸材。一般较薄的纸硬度小,易弯曲成型,可用来制作表面曲面较大的模型;而较厚的纸材,硬度大,但不易弯曲成型,一般用来制作建筑

图3-1-1 纸材类

的主体结构和大面积平整的模型部分。

(二) 纸材的特点

1. 可塑性高,通过剪裁、折叠,改变原有的形态;
2. 通过褶皱产生各种不同的肌理;
3. 通过渲染改变其固有色,可产生多彩的效果。

目前市场流行种类繁多,可以用来制作模型的纸材料有各种成品纸和各类不同厚度的硬纸板。有国产和进口两大类,一般常用0.5～3mm。还有仿石材的各种墙面半成品纸张。

总之,纸材无论从品种还是从工艺加工方面来看都是一种较理想的建筑模型材料。

(三) 优点

适用范围广,品种、规格、色彩多样,易折叠,切割加工方便,表现力强。

(四) 缺点

材料物理特性较差,强度低,稀释性强,受潮易变形,在建筑模型制作过程中,粘接速度慢,成型后不易修整。

(五) 加工纸材模型常用的工具

可伸缩的美工刀、剪刀类(直刃剪、弧形尖剪等)、冲孔器、切圆刀、直尺、三角板、各种类型的模板、垫板、夹子、镊子等。

(六) 纸板模型 (图3-1-2、图3-1-3)

图3-1-2　纸材别墅模型

二、泡沫聚苯乙烯板 (图3-1-4)

它是一种用途相当广泛的材料,属塑料材料的一种,是用化工的方法,使塑料膨胀发泡而成的塑料制品。该材料由于质地比较粗糙,整体装饰效果比较差,因此,一般只用于制作方案构成模型、研究性模型,用来快速构思和推敲方案。

(一) 优点

造价低,材质轻,易加工。

(二) 缺点

质地粗糙,不易着色(该材料是化工原料制成,着色时不能选用带有稀料类涂料)。

(三) 常用加工工具

图3-1-3　纸材别墅模型

热丝切割机、手锯、美工刀、剪刀、木锉、各种打磨棒和打磨板等。

（四）泡沫聚苯乙烯板模型（图 3-1-5）

图 3-1-4　泡沫聚苯乙烯板

图 3-1-5　泰姬陵——泡沫聚苯乙烯板模型

三、有机玻璃板、塑料板、ABS 板

这类材料一般称为硬质材料，均属于高档材料。主要用于展示类规划模型及单体模型制作。

（一）有机玻璃板（图 3-1-6）

有机玻璃用途非常广泛，如车、船、飞行器驾驶舱的风挡玻璃，文教用具，各种灯具等，常用厚度（1~5mm），该材料分为透明、半透明和不透明三种，透明的用于制作建筑玻璃和采光部分，半透明和不透明的主要用于建筑物主体部分。最常用的还是以无色透明为主。

优点：质地细腻，表面整体装饰效果好，可塑性强，通过热加工可以制作各种曲面、弧面、球面的造型，可批量生产。

缺点：易熔化，不易保存，制作工艺复杂。

有机玻璃板模型如图所示（图 3-1-7、图 3-1-8）。

图 3-1-6　有机玻璃板

图 3-1-7　美国纽约世贸中心——有机玻璃板模型

（二）塑料板

塑料板（图3-1-9）的适用范围、特性和有机玻璃板相同，材质坚硬，有透明、半透明、不透明之分，常见的颜色有白色，也有彩色系列，可预热加压成型。它的造价比有机玻璃板低，板材强度不如有机玻璃高，加工起来板材发涩，有时给制作带来不必要的麻烦，因此，模型制作者应慎重选用此种材料。

图3-1-8　展示空间——有机玻璃板模型

图3-1-9　塑料板

常用加工工具：卡钳、美工刀、勾刀、手锯、剪刀、钻头、台钳、砂纸、塑料板等。

塑料板模型如图所示（图3-1-10）。

（三）ABS板

ABS板（图3-1-11）是一种新型的建筑模型制作材料，该材料为磁白色板材，厚度0.5~5mm。是当今流行的手工及电脑雕刻加工制作建筑模型的主要材料。

优点：适用范围广，材质挺括，细腻，易加工，着色力强，可塑性强。

图3-1-10　塑料板材质模型

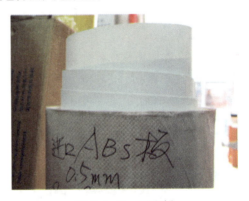

图3-1-11　ABS板

缺点:材料塑性较大。

ABS板模型如图所示（图 3-1-12）。

四、木板材

木板材（图 3-1-13）是建筑模型制作的基本材料之一。通常采用的是由泡桐木经过化学处理而制成的板材,亦称航模板。此材质地细腻,且经过化学处理,所以在制作过程中,无论是沿木材纹理切割还是垂直于木材纹理切割,切口都不会劈裂,此外,可用于建筑制作的木材还有椴木、云杉、朴木等,这些木材纹理平直,树节较少,且质地较软,易于加工和造型。还有旋切而成的木皮,可以用于建筑模型外层处理。随着材料的创新使用,一些人造板（胶合板、刨花板）也频繁地被用来制作成模型。

图 3-1-12 别墅——ABS板模型

图 3-1-13 木板材

（一）优点:材质细腻挺括,纹理清晰,极具自然表现力,加工方便。

（二）缺点:吸湿性强,易变形。

（三）常用加工工具:美工刀、木锯、刨刀、手锯、电动手锯、电钻、手摇钻、锉刀、砂纸、电动打磨机、夹具、凿子等。

航模板模型如图所示（图 3-1-14、图 3-1-15）。

图 3-1-14 别墅——航模板模型

图 3-1-15 别墅——航模板模型

第二节 辅材类

辅材是制作建筑模型主体外部所使用的材料,主要用于制作建筑模型的细部和环境,使建筑模型制作更系统化和专业化。

一、金属材料

它包括:钢、铜、铅等的板材、管材、线材三大类,如:建筑物线脚、柱子、网架、楼梯扶手等。

二、单面金属板

单面金属板是一种以多种色彩塑料板为基底,表层附有各种金属涂层的复合材料,厚度为1.2~1.5mm,主要用于建筑立面金属材料部分和大面积玻璃幕墙的制作。该板材表面的金属涂层有多种效果,仿真程度高,使用起来比纯金属材料简便。但由于该材料是板材,从而限制了它在建筑模型制作中的使用范围(图3-2-1、图3-2-2)。

图3-2-1 单面金属

图3-2-2 铜丝

三、确玲珑

确玲珑是一种新型建筑模型制作材料。它是以塑料类为基底,表层附有各种金属涂层的复合材料,该材料色彩种类繁多,厚度仅0.5~0.7mm。该材料表面金属涂层有的是按不同的比例做好分格,基底部附有不干胶,可即用即贴,使用十分方便。另外,由于材料厚度较薄,制作弧面时不需要特殊处理,靠自身的弯曲度即可完成,是一种制作玻璃幕墙的理想材料(图3-2-3)。

四、纸黏土

纸黏土是一种制作建筑模型配景环境的材料。由纸浆、纤维素、胶、水混合而成的白色泥状体,它可以用雕塑的手法,瞬间把建筑物塑造出来。此外,由于该材料具有可塑性强、便于修改、干燥后较轻等特点,模型制作者常用此材料来制作山地地形。但该材料缺点是收缩率大,因此,在使用该材料时,应考虑此因素,避免在制作过程中,产生尺度的误差(图3-2-4)。

五、油泥

油泥是一种人工制造的材料,比普通水性黏土强度高,黏性强。它是一种软硬可调,质地细腻均匀,附着力强,不宜干裂变形的有色造型材料。

油泥模型在一般气温变化中胀缩率小,且不受空气干湿变化而龟裂,可塑性好,易挖补,适合于塑造形态精细的模型。因为其使用过程中不宜干燥,一般也可用于制作灌制石膏模具。

油泥反复使用过程中避免混入杂质,影响其质量。不用

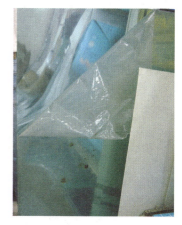

图3-2-3 确玲珑

(a)

(b)

图3-2-4 纸黏土

时,可以用塑料袋套封保存(图3-2-5)。

六、石膏

石膏(图3-2-6)是一种适用范围较广泛的材料,我们常用来做模型的石膏主要是二次脱水的无水硫酸钙,呈白色粉末状,固结后质地较轻而硬,可用模具灌制法,使用时材料可以混合,通过喷涂着色。

缺点:干燥时间较长,加工制作过程中物件易破损,受材质自身的限制,物体表面略显粗糙。

石膏模型如图所示 (图3-2-7)。

图3-2-5 油泥

图 3-2-6 石膏

图 3-2-7 朗香教堂——石膏模型

七、即时贴

即时贴是应用非常广泛的一种装饰材料,该材料品种、规格、色彩十分丰富,主要用于制作建筑模型墙面、屋顶的仿真装饰,道路、水面、绿化及建筑主体的细部。此材料价格低廉,剪裁方便,单面覆胶,是一种表现力较强的建筑模型制作材料(图3-2-8)。

(a)

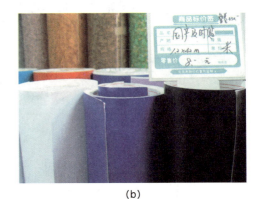
(b)

图 3-2-8 即时贴

八、植绒即时贴

植绒即时贴是一种表层为绒面的装饰材料。该材料色彩较少,在建筑模型制作中,主要是用绿色,一般用来制作大面积绿地,此材料单面覆胶,操作简便,价格适中,但从视觉效果而言,此材料在使用中有其局限性(图3-2-9)。

九、仿真草皮

仿真草皮是用于制作建筑模型绿地的一种专用材料,该材料质感好,颜色逼真,使用简便,仿真程度高。此材料目前多为进口,产地分别为德国、日本等国和我国台湾地区,价格较贵(图3-2-10)。

图3-2-9　植绒即时贴

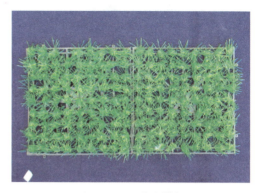
图3-2-10　仿真草皮

十、绿地粉

绿地粉主要用于山地绿化和树木的制作。该材料为粉末颗粒状,色彩种类较多,通过调合可以制作多种绿化效果,是目前制作绿化环境经常使用的一种基本材料(图3-2-11)。

十一、泡沫塑料

泡沫塑料主要用于绿化环境的制作,该材料是以塑料为原料,利用物理经过发泡工艺制成。它具有不同的孔隙与蓬松度。此材料可塑性强,经过特殊的处理和加工,可以制成各种仿真程度极高的绿化环境用的树木。该材料是一种范围广、价格低的制作绿化环境的基本材料(图3-2-12)。

十二、海绵

海绵有粗孔海绵、中孔海绵、细孔海绵等,主要用来制作建筑的绿化环境中的树木、花草等。可根据需要随意加工成各种造型的绿化用树木,颜色也可根据需要自由调合,方便、品种丰富(图3-2-13~图3-2-16)。

图3-2-11　绿地粉

图3-2-12　泡沫塑料

图 3-2-13 海绵

图 3-2-14 粗孔海绵

图 3-2-15 中孔海绵

图 3-2-16 细孔海绵

十三、型材

建筑模型型材是将原材料初加工为具有各种造型、各种尺度的材料,现在市场上出售的建筑模型型材的种类较多,按其用途可以分为基本型材和成品型材。

基本型材主要包括:角棒、半圆棒、圆棒、屋瓦、墙纸,主要用于建筑模型的主体制作(图3-2-17～图3-2-19)。

图 3-2-17 角棒、半圆棒

图 3-2-18 屋瓦、墙纸

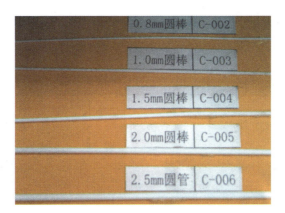

图 3-2-19 圆棒

成品型材主要包括：围栏、标志、汽车、路灯、人物等，主要用于建筑模型配景的制作（图 3-2-20～图 3-2-25）。

模型展示（图 3-2-26、图 3-2-27）。

图 3-2-20 草坪灯

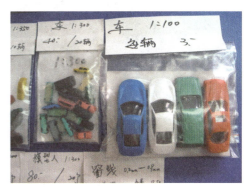

图 3-2-21 汽车

图 3-2-22 沙发

图 3-2-23 人物

图 3-2-24 围栏

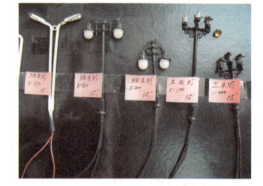

图 3-2-25 路灯

图 3-2-26 型材组合的模型

图 3-2-27 型材组合的室外模型

十四、绿化植物

主要是用于建筑室内外绿化环境的装饰、建筑景观配景的绿化等（图 3-2-28～图 3-2-31）。

模型展示（图 3-2-32）。

十五、玻璃系列

可以用于制作建筑物的玻璃幕墙，也可以用于制作建筑的窗户及玻璃家具等（图 3-2-33）。

十六、仿真水面材料

主要是制作模型中有水面效果的部分，有静态的水面效果、动态的水面效果等几种材料，仿真效果极强（图 3-2-34、图 3-2-35）。

图 3-2-28 树木

第二节　辅材类

图 3-2-29　盆景

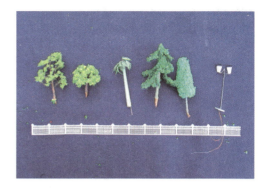

图 3-2-30　树木

图 3-2-31　绿化带

图 3-2-32　型材组合的景观模型

(a)

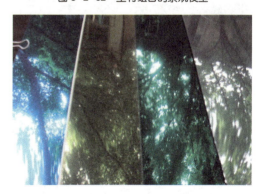

(b)

图 3-2-33　玻璃系列材质（一）

37

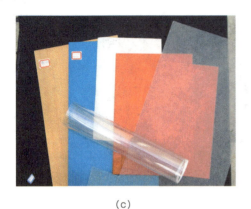
(c)

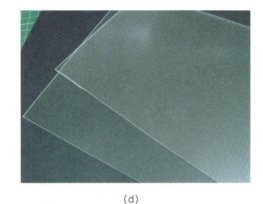
(d)

图 3-2-33　玻璃系列材质（二）

十七、木板材

主要应用在建筑模型沙盘的制作中。沙盘制作常用的木质板材主要有大芯板（图 3-2-36）、密度板、胶合板（图 3-2-37）、水泥板（图 3-2-38）等。这几种板材一般面积较大，剪裁比较麻烦，需要特定的机器加工处理（图 3-2-39，胶合板模型）。

(a)

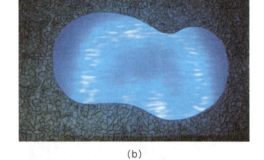
(b)

图 3-2-34　仿真水面材料

图 3-2-35　仿真水面材料制作规划模型

图 3-2-36　大芯板

第二节 辅材类

图 3-2-37 胶合板

图 3-2-38 水泥板

图 3-2-39 胶合板模型

十八、油漆

常用的有模型专用塑料油漆、ABS 塑料油漆、自喷漆、丙烯彩色颜料等（图 3-2-40～图 3-2-43）。

图 3-2-40 模型专用塑料油漆

图 3-2-41 清漆

图 3-2-42 自喷漆

图 3-2-43 丙烯彩色颜料

十九、胶粘剂

胶粘剂在建筑模型制作中占有很重要的地位,它是指通过粘结作用把两个固体物质连接在一起并具有一定连接强度的物质。建筑模型制作中,主要是靠它把多个点、线、面材连接起来,组成一个三维建筑模型。所以,我们必须对胶粘剂的性状、适用范围、强度等特性有深刻的了解和认识,以便在建筑模型制作中根据不同材质的需要,合理地使用各类胶粘剂(图3-2-44~图3-2-57)。

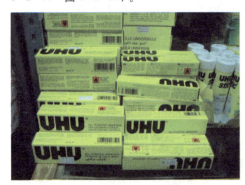

图 3-2-44 U 胶

图 3-2-45 建筑胶

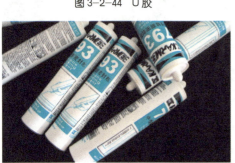

图 3-2-46 玻璃胶

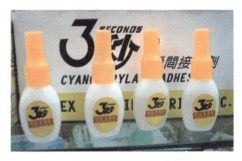

图 3-2-47 喷绘专用胶

第二节　辅材类

图 3-2-48　502 胶

图 3-2-49　立时得胶水

图 3-2-50　二合一 A3 胶

图 3-2-51　白乳胶

图 3-2-52　装饰胶

图 3-2-53 双面胶

图 3-2-54 纸胶带

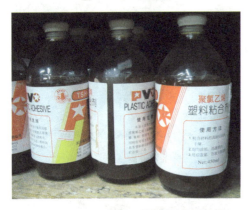

图 3-2-55 聚氯乙烯塑料胶粘剂

图 3-2-56 有机玻璃胶

图 3-2-57 艺术设计专用喷胶

（一）按粘结材料的不同可分为

1. 纸类胶粘剂：白乳胶、胶水、喷胶、双面胶带、U胶等；
2. 塑料类胶粘剂：三氯甲烷、502胶粘剂、903建筑胶、热溶胶等；
3. 玻璃类胶粘剂：793玻璃胶、万能胶、丙烯酸酯胶粘剂等；
4. 木材类胶粘剂：万能胶、白乳胶、U胶、酚醛－氯丁胶粘剂等。

（二）按胶粘剂本身的性能特点可分为

1. 溶剂性胶粘剂

这种溶剂本身只是一种化工溶剂，本身没有黏性，使用局限性较大，只能连接可溶于自身的材料。例如：丙酮、三氯甲烷可用于粘结有机玻璃和ABS工程塑料板和其他塑料板材等。但这些溶剂一般易燃、易发挥、有毒，在粘结时注意通风安全，使用后要妥善保存。

2. 强力胶粘剂

主要靠胶粘剂自身的附着力将不同材质的东西粘合在一起。最长使用的强力胶粘剂是502胶、504胶、哥俩好、801大力胶、U胶、白乳胶等。一般在化工用品商店都能买到。

（三）常用胶的基本特性

（1）白胶：白色透明，价格比较便宜，如果气温高一些，白胶可以稀一些，气温低一些，白胶可以稍浓厚一些；如嫌白胶太浓可以掺一点温水，搅匀就可使用。

（2）百得胶：干的速度快一些，颜色是黄色的，所以涂胶量不宜过多，涂胶时应仔细一些，不要涂在模型的表面上。

（3）双百胶：干的速度比较快，也比较清爽，但价格比较贵一些。

无论采用哪种胶粘剂，使用之前，都必须对所要连接的模型材料进行干燥，清理灰尘和油渍。并且，胶粘剂使用量也应该适量，并非越多越牢固，胶粘剂过多会流到模型其他部位，影响模型的表面整洁和模型整体的精细程度。在粘结工件时，可适当地通过钳口夹或其他夹具夹紧或施压适当的重量，这样可以使工件连接更加牢固。

在模型制作中常用的胶粘剂参见图3-2-44～图3-2-57。

二十、其他常用辅材（图3-2-58～图3-2-73)

图3-2-58　白水泥

第三章 材料分类

图 3-2-59 大白粉

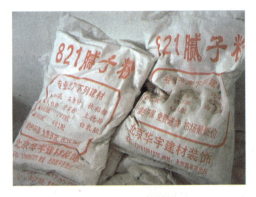

图 3-2-60 腻子粉

图 3-2-61 立德粉

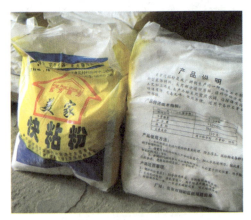

图 3-2-62 快粘粉

图 3-2-63 雕塑泥

图 3-2-64 壁纸

第二节 辅材类

图 3-2-65 地面贴纸

图 3-2-66 彩色磨砂片

图 3-2-67 聚酯膜

图 3-2-68 铜丝线圈

图 3-2-69 地毯

图 3-2-70 铺路石

图 3-2-71 铁丝网

图 3-2-72 封边条

图 3-2-73 草地粉

第四章　主要工具的使用和常用材料的加工处理方法

第一节　主要工具的使用方法

一、主要切割材料工具的使用方法

（一）美工刀

美工刀是最常用的切割工具，一般的模型材料（纸板、航模板等易切割的材料）都可使用它来进行切割，它能胜任模型制作过程中，从粗糙的加工到精细的刻划等工作，是一种简便、结实，有多种用途的刀具。美工刀的刀片可以伸缩自如，随时更换刀片；在细部制作时，在塑料板上进行划线，也可切割纸板、聚苯乙烯板等。具体使用时，应根据实际要剪裁的材料来选择刀具，例如，在切割木材时，木材越薄、越软，刀具的刀刃也应该越薄。厚的刀刃会使木材变形。

使用方法：先在材料上画好线，用直尺护住要留下的部分，左手按住尺子，要适当用力（保证裁切时尺子不会歪斜），右手握住美工刀的把柄，先沿划线处用刀尖从划线起点用力划向终点，反复几次，直到要切割的材料被切开。

（二）勾刀

勾刀是切割厚度小于 10mm 的有机玻璃板、ABS 工程塑料板和其他塑料板材的主要工具，也可以在塑料板上作出条纹状肌理效果，也是一种美工工具。

使用方法：首先在要裁切的材料上划线，左手用力按住尺子，护住要留下的部分，右手握住钩刀把柄，用刀尖沿划的线轻轻划一下，然后再力度适中地沿着刚才的划痕反复划几下，直至切割到材料厚度的 2/3 左右，再用手轻轻一掰，将其折断，每次钩的深度为 0.3mm 左右。

（三）剪刀

模型制作中最常用的有两种剪刀：一种是直刃剪刀，适于剪裁大中型的纸材，在制作粗模型和剪裁大面积圆形时尤为有用；另外一种是弧形剪刀，适于剪裁薄片状物品和各种带圆形的细部。

（四）钢锯

主要用来切割金属、木质材料和塑料板材。

使用方法：锯材时要注意，起锯的好坏直接影响锯口的质量。为了锯口的平整和整齐，握住锯柄的手指，应当挤住锯条的侧面，使锯条始终保持在正确的位置上，然后起锯。施力时要轻，往返的过程要短。起锯角度稍小于15°,然后逐渐将锯弓改至水平方向,快锯断时,用力要轻,以免伤到手臂。

(五)线锯

主要用来加工性状不规则的零部件。线锯有金属架和竹弓架两种,它可以在各种板材上任意锯割弧形。竹弓架的制作是选用厚度适中的竹板,在竹板的两端钉上小钉,然后将小钉弯折成小钩,再在一端装上松紧旋钮,将锯丝两头的眼挂在竹板的两端即可使用。

使用方法:使用时,先将要锯割的材料上所画的弧线内侧用钻头钻出洞,再将锯丝的一头穿过洞挂在另一端的小钉上,按照所画弧线内侧1mm左右进行锯割,锯割方向是斜向上下。

二、辅助工具及其使用方法

(一)钻床

是用来给模型打孔的设备。无论是在建筑模型、景观模型还是展示模型中,都会有许多的零部件需要镂空效果时,必须先要打孔。钻孔时,主要是依靠钻头与工件之间的相对运动来完成这个钻孔加工过程的。在具体的钻孔过程中,只有钻头在旋转,而被钻物体是静止不动的。

钻床分台式钻床和立式钻床两种。台式钻床是一种可放在工作台上操作的小型钻床,小巧、灵活、使用方便,是模型加工制作过程中常用的工具;立式钻床可根据需要加工各种规格的钻孔,常见的钻孔直径规格有25mm、35mm、40mm、50mm等(图4-1-1)。

图4-1-1 钻床

1. 钻孔前要做准备工作

(1)检查钻头的切削部分是否磨损。

(2)根据夹件的大小来选择合适的夹具。在平整的工件上钻孔时,要在工件底下垫一个木块,以免钻头钻透工件后,触到底床上,磨损钻头。

(3)钻孔时,应根据不同的材质,来选择切削的速度和进给量。钻硬材料时,切削速度要慢一些,进给量要少一些;钻软材料时,切削速度可以快一些,进给量可以大一些。用大钻头时,切削速度要慢一些,进给量要大一些;用小钻头时,正好相反。

2. 具体使用方法

(1)先在工件上画好要钻孔的轴心,然后用钻头冲击轴心几下,以便于钻头定位时找到一个固定点。

(2)一开始钻孔时,钻头的钻速要高一些,钻头尖对准钻孔的轴心点,先试点几下,如钻头与要打的钻孔完全对上,没有偏移,即可开始打孔。如有偏移,需重新矫正后再继续打孔。

3. 钻孔时应注意:

(1)操作时,上下手要配合好,下手送料,必须等钻头抬起才能送料;

(2)钻头要上牢,操作中,必须掌握钻速和进刀速度,不得用力过猛;

(3)小件打眼时,不要手拿着操作,必须用钳子,或其他卡具卡紧,然后再钻。钻薄片工件,要垫上木片。

(4)禁止在转动时,用手卡住钻头或上钻头。

(5)工作中严厉禁止戴手套操作。

(二)带锯

带锯是用来切割体积较大或比较难用手工裁剪的模型材料,如做沙盘时,对于还没有裁开的木材就可以用带锯来切割(图4-1-2)。

图 4-1-2 带锯

1. 准备工作

上好锯条后,溜溜看,看锯条是否有前赶后错的现象,如果有,应按条的口松口紧来调整。如有裂口,接头地方超过锯身1/6,一般地方超过1/8不得使用。

2. 具体使用方法

(1) 首先打开开关,当锯带转起来后,将要切割的材料放在锯台上,用手握住要切割的材料的一头,沿着事先标画好的结构线,顺着带锯,慢慢往前送,速度不要太快。

①一般需要两个人配合锯切材料,一个作为上手,向前推;一个作为下手,配合上手,慢慢接住已锯开的材料。

②当锯到材料末端时,上手不要超过锯台边沿,以免伤到手,可另找一木棒来继续推进材料。

(2) 使用时应注意

①开车前要对好卡子,不要在机器转动、开始工作时修理。

②进料速度,刚插锯时要慢,随后再根据材料的软硬,慢慢加快进料速度,有巴结的地方要减慢速度。

③如锯齿附着松脂锯末,应用柴油或刮刀刮,刷油或刮松脂时,手与锯条要成30°或45°角,以免伤手。

④锯料到尾端时,上手不得超过锯台,如超过不能戴手套。

⑤锯短料到尾端时,上手应用木棒推,下手不要猛拉,以免把手框入;锯弯料时,速度要慢;锯小三角离锯条近,必须用样板。

⑥下手贴比子时,手不许超过锯条,以免伤手。

⑦工作时,如锯口塞满木屑,必须用木棒拨掉,不要用手去取。

第二节　常用模型材料的加工处理方法

一、卡纸

卡纸是一种比较容易加工处理的模型制作材料,它经济实惠,而且颜色非常丰富,可塑性强,还可以根据需要,自己用水粉颜料和丙烯颜料涂刷或喷涂,以达到想要的肌理效果。最常用的还是白色卡纸。

另外,卡纸的加工处理也比较简单,只需几件切割工具,如壁纸刀、手术刀、尖刀等。它的组合方式也很多,可采用折叠、切割、附加等多种手法进行制作。卡纸模型还可以采用各种装饰纸来装饰表面,采用瓦楞纸来装饰屋顶等。

但卡纸抗水性能差,吸水易变形,表面起皱,因此,在卡纸模型的加工过程中,应尽量避免使用含水量多的胶粘剂。

二、有机玻璃塑料板

有机玻璃需要进行精细的加工,在烘软后可以根据需要弯曲成型,适合制作具有弯曲弧面的建筑模型部件,如天窗、弧形落地玻璃、遮阳雨蓬等。在切割时主要有手工切割和机械切割两种。手工切割主要使用壁纸刀和钩刀进行操作,当钩划到 2/3 的深度时,将材料的切割缝对准工作台边掰断。

有机玻璃部件粘结也比较简便,可使用丙酮或氯仿溶剂,用 502 胶等速干型粘合剂也可以。具体制作中,也可根据需要,用各种颜色的装饰纸进行贴面装饰。

三、泡沫塑料

泡沫塑料质地轻盈且比较软,容易加工,但比较粗糙,比较适合制作构思模型、规划模型和概念模型。一般情况下,密度较高的硬制发泡塑料,适宜制作较为精细的规划模型;密度结构较粗的发泡塑料,适宜制作构思模型和概念模型。

泡沫塑料在加工时,比较大的可用钢丝锯或电热锯进行切割,然后再用壁纸刀、手术刀、什锦锉、砂纸等进行修整;较小体积的也可直接用壁纸刀、手术刀进行切割,再用什锦锉、砂纸等进行打磨。

四、各种装饰纸

目前,市场上的装饰纸无论是品种还是规格都非常齐全,有仿木纹纸、仿大理石纸、壁纸等多种效果可供选择。在选择时,应选择合适比例的装饰纸,按照尺寸裁好,在背面涂上乳胶或胶条,对准被贴面的角,轻轻固定,然后用手向外平铺,保证表面光滑无气泡。如有气泡可用大头针扎破。对于装饰墙中有窗户的,可以在贴好后,再用铅笔画户门窗尺寸,用壁纸刀、钢尺等刻去多余的装饰纸,露出一扇扇的窗户。

第三节 模型的制作过程

模型的制作分为手工制作和机器制作两种制作方法。

一、手动模型的制作过程

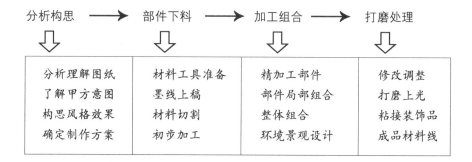

二、机制模型制作程序

第五章　建筑模型的设计与制作

建筑模型的设计与制作可以分为项目确定、制作设计构思、制作三个阶段。

第一节　建筑模型的项目确定

项目确定阶段主要是确定建筑模型图纸。在学校中进行该项课程时,建筑模型的项目有两种来源,一是受建筑开发商或业主的委托即商用模型,二是自己选择喜欢的项目。

一、建筑开发商或业主委托的建筑模型

在建筑行业中,一般有建筑物建成前的设计审定和建成后的展示、收藏等委托的业务。无论是哪种方式的委托来制作模型,都要有建筑平面图、立面图和剖面图。如果建筑物已经建成,而只有平面图的情况下,建筑模型的设计制作者可以通过观察和实地考察测量建筑物,对建筑物进行拍摄,参阅建筑物的图片等方法来获取平面图和立面图的信息。

二、自选的项目

自选项目有两种:一种是为了帮助建筑设计深入推敲构思的辅助模型;一种是依据建筑物建设前或建成后的图纸来制作的建筑模型。

模型的制作有助于建筑设计的推敲,服务于建筑的创作过程,用来推敲建筑的造型、结构、体量、采光、空间关系和局部细节等。使功能与形态的关系,整体与局部的关系和整体与环境的关系及单元组合方式,色彩与材料的关系等得到更加合理的安排。如自己寻找建筑图纸作为模型制作的训练,首先要明白建筑的功能、形态、结构、材料等,还要校正建筑的平面图和立面图,处理好建筑和环境的关系。

第二节　建筑模型设计与制作

建筑模型制作设计主要是从制作的角度上进行构思,在讲解具体某部分的具体制作之前,要把握整个模型的整体感。如何把握模型制作的整体感,应该从几个方面去设计构思:比例的设计构思、形体的设计构思、材料的设计构思、色彩与表面处理。

比例的设计构思:比例一般是根据建筑模型的使用目的及建筑模型面积来确定。比如,单体建筑或少量的群体建筑,应该选择较大的比例,如:1∶50、1∶100、1∶300等;大量的群体建筑或区域性的规划,应该选择较小的比例,如:1∶1000、1∶2000等。

形体的设计构思：由于建筑的缩小，在视觉上会造成一定的偏差，所以，我们对缩小比例后的建筑模型应该有整体的构思，在组合时，应该适当地做出调整，协调整体。

材料的设计构思：在制作建筑模型之前，我们应该选择好相应的材料，在材料的色彩搭配、呈现质感、仿真程度上来表现建筑模型的真实感和整体感。

色彩与表面处理：色彩和表面的处理能增加建筑模型的质感效果，也是建筑模型制作中的一项重要内容。是在模拟真实建筑的基础上，运用视觉艺术，对色彩进行设计和协调。

一、建筑主体制作设计

建筑主体是建筑模型的主要组成部分，建筑主体一般是由个体或群体建筑组成。建筑主体的类群被分为城市建筑模型、大厦模型、构造、内部空间和细节模型。这些模型首先都是将建筑主体空间、造型和构造的品质描述一番。还要考虑对设计的建筑主体的想像是现存的环境中的。人们可以从先前已经考察好的地形、地势中描述建筑主体。

建筑主体制作设计是建筑模型制作的关键点，建筑模型制作设计得如何，往往决定着建筑模型的成败。而作为一般的模型制作者往往忽略了这一重要环节，只是机械地照搬图纸制作。我们知道，建筑是表现空间的艺术，建筑空间是由体、面、线组成的，通过体量、板面、柱体来表现"建筑艺术"，以体量、板面、柱体来塑造模型，将我们的空间想像呈现出具体的转化，并理解和表达设计理念。所以说建筑模型制作是一种造型艺术，它追求的不仅是理性的思考，更是一种形式美的追求。这种形式美决不是机械、无序的制作所能体现的。所以，在模型制作之前，一定要根据建筑设计图纸进行推敲和研究后进行建筑主体的制作设计，只有这样，才能使建筑主体制作避免程式化和群体制作无序性，才能使建筑模型制作符合设计，体现空间，体现艺术性的所在。

在建筑模型制作设计前，首先要取得建筑模型制作所需要的全部图纸。一般规划类模型要有总平面图，建筑要标有层数或高度等数据。若比例较大的模型根据制作要求，需提供相应的建筑立面图或轴测图等。制作单体或群体建筑的展示类模型，则要求具备总平面图及建筑单体的立面图、各层平面图和剖面图。

在具备上述图纸后，便可以进行建筑主体制作设计。建筑主体制作设计不同于建筑设计，建筑主体制作设计主要是依据图纸及建筑设计方的要求，结合材料和制作过程中各环节所进行的制作前期策划。主要从以下几方面考虑：

（一）整体与局部

在进行每一组建筑模型主体设计时，最主要的是把握整体关系。所谓把握整体关系，就是根据建筑设计的风格、形式、造型等，从宏观上把握建筑模型主体制作的材料、制作的工艺及制作的深度等因素。在众多的因素中，制作深度是一个很难掌握的因素。一般人认为制作深度越深越好，其实这只是一种片面的认识。实际上，制作深度只有相对的，没有绝对的，都是随着建筑模型整体的主次关系、模型比例的变化而变化。只有这样,才能做到重点突出和避免平均化的制作。

在把握好整体关系时,我们还应该结合建筑设计的局部进行综合考虑。因为,作为每一组建筑模型主体,从整体上看,它都是由若干个点、线、面进行不同的组合而形成;但从局部来看,造型上都存在着一定的个体差异性,然而,这种个体差异性,制约着建筑模型制作工艺和材料的选定。所以,在进行建筑模型主体制作设计时,一定要结合局部的个体差异性进行综合考虑。

(二)材料的选择

在选择制作建筑模型材料时,一般是根据建筑主体的风格、形式和造型进行选择。

在制作古建筑模型时,一般较多地采用木质(航模板)为主体材料。因为,用这种材料制作古建筑模型,具有同质同构的效果。同时,从加工制作的角度上来看,也利于古建筑的表现。

在制作现代建筑模型时,一般较多地采用硬质塑料类材料,如有机玻璃板、ABS板、卡纸板等。因为,这些材料质地硬而挺括,可塑性和着色性强,经过加工制作,可以达到极高的仿真程度,特别适合于现代建筑的表现。

另外,在选择制作建筑模型材料时,还要参考建筑模型的类型、比例和模型细部表现深度等诸因素进行选择。一般来说,材料质地密度越大越硬,越利于建筑模型细部的表现。

总之,制作建筑模型的材料选择应根据制作表现对象而进行,切不可以模式化和程式化。

(三)效果的表现

建筑模型主体是一个具有三维空间的建筑物。它是根据设计人员的平立面图组合而形成的。但有时由于方案的设计深度和建筑模型制作比例等因素的限制,很难达到建筑模型制作预想的要求及最终的效果表现。所以,模型制作者在制作模型前,以不改变原有建筑设计为前提的情况下,需要根据图纸及设计人员的表现要求进行建筑模型立面表现的二次设计。

在进行建筑立面表现设计时,首先将设计人员提供的立面图缩放至实际制作尺度,然后,对建筑物的立面进行对比观察。在观察中发现,设计人员提供原设计图纸比例若大于实际制作比例时,其立面就容易产生过繁现象,这时就要考虑在具体制作时进行适当简化;反之,若设计人员提供原设计图纸比例小于实际制作比例时,其立面就容易产生过简现象,这时就要与原设计人员协商,在整体和局部关系处理好的前提下进行适当调整,以达到最佳的制作效果。

此外,在进行建筑立面表现设计时,还应充分考虑到,建筑设计图纸的立面所呈现的是平面线条效果,而建筑模型的立面则是具有凹凸变化的立体效果。所以,在进行建筑立面表现设计时,一定要注意模型制作尺度、表现手法和实际效果,这种效果表现一定要适度,最终不应破坏建筑模型的整体效果。

(四)模型的色彩

建筑模型的色彩与实体建筑色彩不同。就其表现形式而言,建筑模型的色彩表现形式有两种:一种是利用建筑模型材料自身的色彩,这种表现形式体现的是一种自然的美;另一种是利用各种涂料进行表层喷涂,产生色彩效果,这种表现形式体现的是一种外在的形式美。在现今的建筑模型制作中,较多地采用了后一种形式进行色彩的处理。

在利用各种涂料进行建筑模型色彩处理时,模型制作者一定要根据表现对象及所要采用的色彩种类、色相、明度等进行制作设计。

在进行制作设计时,首先,应特别注意色彩的整体效果。因为,建筑模型是在楹尺间反映个体或群体建筑的全貌,每一种色彩都同时映射入观者眼中,产生综合的视觉感受,哪怕是再小的一块色彩,若处理不当,都会影响整体的色彩效果。所以,在建筑模型的色彩设计与使用时,应特别注意色彩的整体效果。

其次,建筑模型的色彩具有较强的装饰性。建筑模型就其本质而言,它是缩微后的建筑物。因而,作为色彩也应作相应的变化。若建筑模型的色彩一味地追求实体建筑与材料的色彩,那么呈现在观者眼中的建筑模型色彩感觉会很"脏"。

此外,还应注意建筑模型色彩的多变性。多变性是指由于建筑模型材质的不同、加工技巧不同、色彩的种类与物理特性不同,同样的色彩所呈现的效果就不同。如纸、木类材料,质地疏松,具有较强的吸附性,着色后色彩无光,明度降低;而有机玻璃板和 ABS 板,质地密且吸附性弱,着色后色彩感觉明快,这种现象的产生就是由于材质不同而造成的。又如,在众多的色彩中,蓝色、绿色等明度较低属冷色调的色彩,在作建筑模型表层色彩处理时,会给人的视觉造成体量收缩的感觉;红色、黄色等明度较高属暖色调的色彩,在作建筑模型表层色彩处理时,则会给人造成体量膨胀的感觉。但当这两类色彩加入不同量的白色时,膨胀与收缩的感觉也随之发生变化。这种色彩的视觉效果,是由于色彩的物理特性而形成的。又如在设计使用色彩时,通过不同色彩的搭配和喷色技法的处理,色彩还可以体现不同的材料质感。通常见到的石材效果,就是利用色彩的物理特性,通过色彩的搭配及喷色技法处理而产生的。

总之,建筑模型色彩的多变性,既给建筑模型色彩的表现与运用提供了余地,同时,它又制约着建筑模型色彩的表现。所以,模型制作人员在设计建筑模型的色彩时,应着重考虑色彩的多变性。

二、绿化制作设计

建筑模型配景制作设计是建筑模型制作设计中一个重要组成部分。它所包括的范围很广,其中最主要的是绿化制作设计。建筑模型的绿化是由色彩和造型两部分构成,但作为设计人员提供的制作图纸深度则处于方案和详细规划阶段,因此,对于绿化只是在布局及面积上有所标明。而作为模型制作人员则要把这种平面的设想,制作成有色彩与造型的实体环境,必须在制作前对设计人员的思路和表现意图有较深刻的了解。同时,还要在上述了解的基础上,根据建筑模型制作的类别及内在规律,合理地进行制作设计。所以设计时应从以下几方面考虑。

（一）绿化与建筑主体关系

建筑主体是设计制作模型绿化的前提。在进行绿化设计制作前，首先要对建筑主体的风格、造型、表现形式以及在图面上所占的比重有其明确的了解。因为，绿化无论采用何种表现形式和色彩，它都是紧紧围绕着建筑主体而进行，用来烘托主体建筑。

在设计制作大比例单体或群体建筑模型绿化时，对于绿化的表现形式要考虑尽量做得简洁些，要做到示意明确。不要求新求异，切忌喧宾夺主。树的色彩选择要稳重，树种的形体塑造应随其建筑主体的体量、模型比例与制作深度进行刻划。

在设计制作大比例别墅模型绿化时，表现形式就可以考虑做得新颖、活泼。要给人一种温馨的感觉，塑造一种家园的氛围。树的色彩则可以明快些，但一定要掌握尺度，如色彩过于明快则会产生一种飘浮感。树种的形体塑造要有变化，要做到有详有略、详略得当。

在设计制作小比例规划模型绿化时，表现形式和侧重点应放在整体感觉上。因为，作为此类建筑模型的建筑主体由于比例尺度较小，一般是用体块形式来表现，其制作深度远远低于单体展示类模型的制作深度。所以，在设计制作此类建筑模型绿化时，主要将行道树与组团、集中绿地区分开。作为房间绿化应简化，如果过于刻划，则会产生空间的拥塞感。在选择色彩时，行道树的色彩可以比绿地的基色深或浅，要与绿地基色形成一定的反差。这样处理，才能通过行道树的排列，把路网明显地镶嵌出来。作为集中绿地、组团绿地，除了表现形式与行道树不同外，色彩上也应有一定的反差。这样表现能使绿化具有一定的层次感。

在设计制作园林规划模型绿化时，要特别强调园林的特点。因为，在若干类型的建筑模型中，只有园林规划模型的绿化占有较大的比重，同时还要表现若干种布局及树种。因此，园林规划模型的绿化有其较大的难度。在设计此类模型绿化时，一定要把握总体感觉，要根据真实环境设计绿化。而在具体表现时，一定要采取繁简对比的手法来表现，重点刻划中心部位，简化次要部分。切忌机械地、无变化地堆积和过分细腻地追求表现。另外，绿化还要注意与建筑主体的关系，在制作园林绿化时，树与主体建筑要错落有序，要特别注意尺度感。同时，还要相互掩映，使绿化与主体建筑自然地融为一体，真正体现园林绿化的特点。

（二）绿化中树木形体的塑造

自然界中的树木千姿百态。但作为建筑模型中的树木，不可能也绝对不能如实地描绘，必须进行概括和艺术加工。

在设计塑造树种的形体时，一定要本着源于自然、高于自然去进行。源于自然界，是因为自然界中的各种树木在人们的视觉中已形成了一种定式，而这种定式又将影响着人们对建筑模型中树木表现的认知。但源于自然界绝不意味着机械地模仿。因为，建筑模型是经过缩微和艺术化的造型体，同时，它又是用不同的材质来表现物体的原形。所以，在对树形的塑造时，必须在依据各自原形的基础上，加以概括地进行表现。

以上所涉及的只是在树种形体塑造时总的原则,在具体设计制作时,还要考虑建筑模型的绿化面积、比例等因素的影响。

1. 绿化面积及布局的影响

在设计制作建筑模型的绿化时,应根据绿化面积及总体布局来塑造树的形体。在设计制作同比例而不同面积及布局的建筑模型绿化时,对于各种树木形体的塑造要求不尽相同。

在设计制作行道树时,一般要求树的大小、形体基本一致,树冠部要饱满些,排列要整齐划一。这种表现形式体现的是一种外在的秩序美。在制作组团绿化时,树木形体的塑造一定要结合绿化的面积来考虑。排列时疏密要得当,高低要有节奏感。同时,还要注意绿化的布局。若组团绿地是对称形分布,在设计制作绿化时,一定不要破坏它的对称关系,但还要在对称中求变化。若组团绿地分布于盘面的多个部位,则要注意各组团间的关系,使之成为一个有机的整体。在设计制作大面积绿化时,要特别注意树木形体的塑造和变化。因为通过改变树木的形体,可以消除由于绿化面积大而带来的视觉感的贫乏,使绿化更具吸引力。另外,要把握由若干形体各异树木所组成绿化群体的整体性。因为,这种大面积绿化形式,给人的视觉感是一种和谐的自然景观,它所体现的是一种自然、多变、有序的美。

2. 建筑模型比例的影响

在设计制作各种树木时,建筑模型的比例直接制约着树木的表现。树木形体刻划的深度随着建筑模型的比例变化而变化。一般来说,在制作 1：500～1：2000 比例的建筑模型时,由于比例尺度较小,在制作此类模型树木时,则应着重刻划整体效果,而绝不能追求树的单体塑造。如过分追求树木的造型,一方面会破坏绿化与建筑主体的主次关系;另一方面往往会使人感到很匠气。在制作 1：300 以上比例的建筑模型时,由于比例尺度的改变,必须着重刻划树的个体造型,但同时还要注意个体、群体、建筑物三者间的关系。

总之,建筑模型中绿化树木的形体塑造与绿化面积、布局三者间有着密不可分的关系。三者间相互作用、相互影响,在设计和制作绿化时,要正确处理好三者间的关系。

(三) 绿化树木的色彩

树木的色彩是绿化构成的另一个要素。自然界中的树木色彩通过阳光的照射,自身形体的变化、物体的折射和周围环境的影响产生出微妙的色彩变化。但在设计建筑模型树木的色彩时,由于受模型比例、表现形式和材料等因素的制约,不可能如实地描绘自然界中树木丰富而微妙的色彩变化,只能根据建筑模型制作的特定条件,来设计描绘树木的色彩。

在设计处理建筑模型绿化树木色彩时,应着重考虑如下关系:

1. 色彩与建筑主体的关系

在处理不同类别的建筑模型绿化色彩时,应充分考虑色彩与建筑主体的关系。因为,任何色彩的设定,都应随着建筑主体的变化而变化。如在表现大比例单体模型绿化时,色彩要追求稳重,变化要简洁,并富有装饰性。稳重的色彩,一方面可以加强与建筑主体色彩的对比,使建筑主体的色彩更加突出;另一方面,它可以加强地面的稳重感。单体建筑主体,一般体量较大,空间形体变化较丰富。相对而言,地面绿化必须配以较稳重的色彩。这样才能使模型整体产生一种平衡感。另外,单体建筑模型绿化的色彩变化应简洁,主要将示意功能表现出来即可。同时,色彩不要太写实,要富有一定的装饰性。如色彩变化过多,太写实,将破坏盘面的整体感和艺术性。

在表现群体建筑模型绿化,特别是小比例的规划模型绿化时,色彩的表现要特别注意整体感和对比关系。因为,这类模型由于比例关系,建筑主体较多地表现体量而无细部。同时,绿化与建筑主体在平面所占比重基本相等,有时绿化还大于建筑主体所占的面积。所以,在表现这类模型绿化时,要特别注意色彩的整体感和对比性。一般这类模型的建筑色彩较多地采用浅色调,而绿化色彩采用深色调,二者形成一定的对比关系,从而突出了建筑主体的表现,增强了整体效果。

2. 色彩自身变化与对比关系

在设计绿化色彩时,除了考虑与建筑主体的关系,还要考虑绿化自身色彩的变化与对比。

这种色彩的变化与对比,原则上是依据绿化的总体布局和面积的大小而变化。在树木排列集中和面积较大时,应强调色彩的变化,通过色彩的变化增强绿化整体的节奏感和韵律感。反之,则应减弱色彩的变化。这里应该强调指出的是,这种色彩变化不是单纯的色彩明度变化,一定要注意通过色彩变化形成层次感和对比关系。所谓层次感,就好比绘画中的素描关系,整体中有变化,变化中求和谐;所谓对比关系,就是在设计绿化色彩时,最亮的色块与最暗的色块有一定对比度。如果绿化整体色彩过暗且缺少色彩间的对比,其结果会给人一种沉闷感。如果色彩过分强调对比,则容易产生斑状色块,破坏绿化的整体效果。

总之,在设计绿化色彩时,应合理地运用色彩的变化与对比关系。

3. 色彩与建筑设计的关系

建筑模型绿化的色彩原则是依据建筑设计而进行构思。因为,建筑模型绿化的色彩是建筑模型整体构成的要素之一。同时,它又是绿化布局、边界、中心、区域示意的强化和补充。所以,建筑模型绿化的色彩要紧紧围绕其内容进行设计和表现。

在进行具体的色彩设计时,首先,要确定总体基调。总体基调一般要考虑建筑模型类型、比例、盘面面积和绿化面积等因素。其次,要确定色彩表现的主次关系。色彩表现的主次关系一般是和建筑设计相一致。中心部位的色彩一定要精心策划,次要部位要简化处理。在同一盘面内,不要产生多中心或平均使用力量的方式进行色彩表现。再次,注意区域的色彩效果。在上述色彩表现原则的基础上,注意局部色彩的变化。局部色彩处理的好坏,将直接影响绿化的层次感和整体效果。

总之,绿化的色彩与表现形式、技法存在着多样性与多变性。在建筑模型设计制作时,要合理地运用这些多样性和多变性,丰富建筑模型的制作,完善对建筑设计的表达。

三、配景制作设计

在设计其他配景制作时,如水面、汽车、围栏、路灯、建筑小品等,除了要准确理解建筑设计思路和表现意图外,还要参考建筑主体及绿化的表现形式而进行构思。在由平面向立体转化的过程中,要准确掌握配景物的形、体量、色彩等要素,准确地把握与建筑主体、绿化的主次关系。

总之,在设计配景制作时,模型制作人员要有丰富的想像力和概括力,正确地处理各构成要素间的关系。通过理性的思维、艺术的表达将平面的建筑设计转换为建筑模型的实体环境。

四、地形制作设计

建筑地形是继模型底盘完成后的又一道重要制作工序。建筑地形的处理,要求模型制作者要有高度的概括力和表现力,同时还要辩证地处理好与建筑主体的关系。

建筑地形从形式上一般分为平地和山地两种地形。平地地形没有高差变化,一般制作起来较为容易,而山地地形则不同,因为,它受山势、高低等众多无规律变化的影响而给具体制作带来很多的麻烦。因此,一定要根据图纸及具体情况,先策划出一个具体的制作方案。在策划制作具体方案时,一般要考虑表现形式、材料选择、制作精细这三个方面。

山地地形的表现形式有两种:具象表现形式和抽象表现形式。

在制作山地地形时,表现形式一般是根据建筑主体的形式和展示对象等因素来确定。一般用于展示的模型其主体较多地采用具象表现形式,并且它所涉及的展示对象是社会各阶层人士。所以,制作这类模型的山地地形较多地采用具象形式来表现。这样,一方面可以使地形与建筑主体的表现形式融为一体,另一方面可以迎合诸多观赏者的口味。

对于用抽象的手法来表示山地地形,不仅要求制作者要有较高的概括力和艺术造型能力,而且还要求观赏者具有一定的鉴赏力和建筑专业知识。因为,只有这样才能准确地传递建筑语言,才能领略其模型的形式美。所以,在制作山地地形时,一般对于制作经验不多的制作者来说不应轻易地采用抽象手法来表现山地地形。

在选择制作山地地形的材料上,这是一个不可忽视的因素。

选材时,要根据地形和高差的大小而定。这是因为就其山地地形制作的实质而言,它是通过材料堆积而形成的。若材料选择不当,一方面会造成不必要的浪费,另一方面会给后期制作带来诸多不便因素。所以,在制作山地地形时,一定要根据地形的比例和高差合理地选择制作材料。

在制作山地地形时,其精度应根据建筑物的主体的制作精度和模型的用途而定。

作为方案模型,它是用来研究方案,并非作为展示而用。所以,一般山地地形只要山地起伏及高度表示准确就可以了,无需作过多的修饰。而作为展示模型,除了要把山地的起伏及高程准确地表现出来外,还要在展示时给人们一种形式美。在制作展示模型的山地地形时,一定要掌握它的制作精度。这里应该指出,制作山地地形要结合建筑整体风格、体量及制作精度考虑,在掌握制作精度时切不可喧宾夺主。

五、道路制作设计

道路制作设计是建筑模型盘面上一个重要的组成部分。

道路在建筑模型中的表现方式不尽相同,它随着比例的变化而变化。

在规划类建筑模型中,主要由建筑物路网和绿化构成。因此,要求道路制作设计既简单又明了,在颜色的选择上,统一用灰色调,对于主路、辅路和人行道的区分,只要在灰色调的基础上用明度变化来划分就可以了。

在展示类建筑模型中,由于表现的深度和比例尺的变化,在道路制作设计时,要把道路的高差反映出来。

六、底盘制作设计

底盘是建筑模型的一部分,底盘的大小、材质、风格直接影响着整个建筑模型的最终效果。

建筑模型的底盘尺寸一般是要根据建筑模型制作范围、模型标题的摆放及内容、模型类型及主体量来决定的。这样,才能使底盘和盘面上的内容更加一体化。

第三节 建筑模型制作技法

建筑模型的制作是一个利用工具改变材料形态,通过粘接、组合产生出新的物质形态的过程。这一过程包含着很多基本技法,模型制作人员只要掌握了这些最简单、最基本的要领与方法,即使制作造型复杂的建筑模型时,也只不过是那些最简单、最基本的操作过程的累加而已。

一、建筑模型制作的基本技法

(一)聚苯乙烯模型制作基本技法

用聚苯乙烯材料制作建筑模型(图5-3-1)是一种简便易行的制作方法。主要用于建筑构成模型、工作模型和方案模型的制作。基本制作步骤为画线、切割、粘接、组合。

图5-3-1 泰姬陵模型

在制作模型时，模型制作人员首先要根据材料的特性做好加工制作的准备工作。准备工作可分为两部分，即材料准备和制作工具准备。

在进行材料准备时，要根据被制作物的体量及加工制作中的损耗，准备一定量的材料毛坯。

在进行制作工具准备时，主要是选择一些画线和切割工具。此类材料，一般采用刻写钢板的铁笔作为画线工具，切割工具则采用自制的电热切割器及推拉刀。

在准备工作完毕后，我们要对自己所使用的电热切割器进行检查与调试。首先，用直角尺测量电热丝是否与切割器工作台垂直，然后通电并根据所要切割的体块大小，用电压来调整电热丝的温度，电压越高温度越高。一般电热丝的温度调整到使切割缝隙越小越好。因为这样才能控制被切割物体平面的光洁度与精度。

在进行体块切割时，为了保证切割面平整，除了要调整电压，控制电热丝温度外，被切割物在切割时要保持匀速推进，中途不要停顿，否则将影响表面的平整。

在切割方形体块时，一般是先将材料毛坯切割出 90°直角的两个标准平面，然后利用这两个标准平面，通过横纵位移进行各种方形体块的切割。在进行体块切割时，为了保证体块尺寸的准确度，画线与切割时，一定要把电热丝的热容量计算在内。

在切割异形体块时，要特别注意两手间的相互配合。一般一只手用于定位，另一只手推进切割物体运行。这样才能保证被切割物切面光洁、线条流畅。

在切割较小体块时，可以利用推拉刀或刻刀来完成。用刀类切割小体块时，一定要注意刀片要与切割工作台面保持垂直，刀刃与被切割物平面成 45°角，这样切割才能保证被切割面的平整光洁。

在所有体块切割完毕后，便可以进行粘接、组装。在粘接时，常用乳胶做胶粘剂。但由于乳胶干燥较慢，所以我们在粘接过程中，还需要用大头针进行扦插，辅以定型。待通风干燥后进行适当修整，便可完成其制作工作。

此外，在利用此种材料制作建筑模型时，除了用电热切割的方法进行造型外，还可以利用该材料溶于稀料的特性，采用喷刷手段进行多种造型。

总之，待熟练掌握制作基本技法和材料的特性时，将会给聚苯乙烯材料制作建筑模型带来巨大的表现力和超乎想像的视觉效果。

（二）纸板模型制作基本技法

利用纸板制作建筑模型（图 5-3-2）是最简便且较为理想的方法之一。纸板模型分为薄纸板和厚纸板两大类。

1. 薄纸板模型制作基本技法

用薄纸板制作建筑模型是一种较为简便快捷的制作方法。主要用于工作模型和方案模型的制作。基本技法可分为画线、剪裁、折叠和粘接等步骤。

第三节　建筑模型制作技法

图 5-3-2　依山别墅群模型

在制作薄纸板建筑模型时，制作人员首先根据模型类别和建筑主体的体量合理地进行选材。一般此类模型所用的纸板厚度在 0.5mm 以下。

在制作材料选定后，便可以进行画线。薄纸板模型画线是较为复杂的。画线时，一方面要对建筑物体的平立面图进行严密的剖析，合理地按物体构成原理分解成若干个面。另一方面，为了简化粘接过程，还要将分解后的若干个面按折叠关系进行组合，并描绘在制作板材上。

在制作薄纸板单体工作模型时，可以将建筑设计的平立面直接裱在制作板材上。具体做法是先将薄纸板空裱在图板上，然后将绘有建筑物的平立面图喷湿，待数秒钟后，均匀地刷上经过稀释的浆糊或胶水并将图纸平裱在薄纸板上。待充分干燥后，便可进行剪裁。

剪裁时，可以直接按事先画好的切割线进行剪裁。在剪裁接口处时，要留有一定的粘接量。在剪裁裱有设计图纸的工作模型墙面时，建筑物立面一般不作开窗处理。

剪裁后，便可以按照建筑的构成关系，通过折叠进行粘接组合。折叠时，面与面的折角处要用手术刀将折线划裂，以便在折叠时保持折线的挺直。

在粘接时，模型制作人员要根据具体情况选择和使用胶粘剂。在做接缝、接口粘接时，应选用乳胶或胶水做胶粘剂，使用时要注意胶粘剂的用量，若胶液使用过多，将会影响接口和接缝的整洁。在进行大面积平面粘接时，应选用喷胶做胶粘剂。喷胶属非水质胶液，它不会在粘接过程中引起粘接面的变形。

在用薄纸板制作模型时，还可以根据纸的特性，利用不同的手段来丰富纸模型的表现效果。如利用"折皱"便可以使载体形成许多不规则的凹凸面,从而产生各种肌理。通过色彩的喷涂也可使形体的表层产生不同的质感。

总之,通过对纸板特性的合理运用和对制作基本技法的掌握,可以使薄纸板建筑模型的制作更加简化、效果更加多样化。

2. 厚纸板模型制作基本技法

用厚纸板制作建筑模型是现在比较流行的一种制作方法,主要用于展示类模型的制作。基本技法可分为选材、画线、切割、粘接等步骤。

选材是制作此类模型不可缺少的一项工作。现在市场上出售的厚纸板一般有单面带色板,色彩种类较多。这种纸板给模型制作带来了极大的方便,可以根据模型制作要求选择到不同色彩及肌理的基本材料。

在材料选定后,便可以依据图纸进行分解。把建筑物的平立面根据色彩的不同和制作形体的不同分解成若干个面,并把这些面分别画在不同的纸板上。

画线时,一定要注意尺寸的准确性,尽量减少制作过程中的累计误差。同时,画线时要注意工具的选择和使用方法。一般画线时使用的是铁笔或铅笔,若使用铅笔时要采用硬铅(H、2H)轻画来绘制图形,其目的是为了保证切割后刀口与面层的整洁。

在具体绘制图形时,首先要在板材上找出一个直角边,然后利用这个直角边,通过位移来绘制需要制作的各个面。这样绘制图形既准确快捷,又能保证组合时面与面、边与边的水平与垂直。

画线工作完成后,便可以进行切割。切割时,一般在被切割物下边垫上切割垫,同时切割台面要保持平整,防止在切割时跑刀。切割顺序一般是由上至下、由左到右,沿这个顺序切割,不容易损坏已切割完的物件和已绘制完未被切割的图形。

进行厚纸板切割是一项难度比较大的工序。由于被切割纸板厚度在 1 mm 以上,切割时很难一刀将纸板切透,所以一般要进行重复切割。重复切割时,一方面要注意入刀角度要一致,防止切口出现梯面或斜面。另一方面要注意切割力度,要由轻到重,逐步加力。如果力度掌握不好,切割过程中很容易跑刀。

在切割立面开窗时,不要一个窗口一个窗口切,要按窗口横纵顺序依次完成切割。这样才能使立面的开窗效果整齐划一。

待整体切割完成后,即可进行粘接处理。一般粘接有三种形式:面对面、边对面、边对边。

面对面粘接主要是各体块之间组合时采用的一种粘接方式。在进行这种形式的粘接时,要注意被粘接面的平整度,确保粘接缝隙的严密。

边对面粘接主要是立面间、平立面间、体块间组合时采用的一种粘接形式。在进行这种形式的粘接时,由于接口接触面较小,所以一定要确保接口的严密性。同时还要根据粘接面的具体情况考虑进行内加固。

边与边粘接主要是面间组合时采用的一种粘接形式。在进行这种形式粘接时,必须将两个粘接面的接口,按粘接角度切成斜面,然后再进行粘接。在切割对接口时,一定要注意斜面要平直,角度要合适。这样才能保证接口的强度与美观。如果粘接口较长、接触面较小时,同样也可根据具体情况考虑进行内加固。

总之,接口无论采用何种形式对接,在接口切割完成后,便可以进行粘接了。在粘接过程中,我们一定要考虑到这样几个问题:①面与面之间的关系。也就是说先粘哪面后粘哪面。②如何增强接缝强度和哪些节点需要增加强度。③如何保持模型表层完成后的整洁。

在粘接厚纸板时,我们一般采用白乳胶作为胶粘剂。在具体粘接过程中,一般先在接缝内口进行点粘。由于白乳胶自然干燥速度慢,可以利用吹风机烘烤,提高干燥速度。待胶液干燥后,检查一下接缝是否合乎要求,如达到制作要求即可在接缝处进行灌胶,如感觉接缝强度不够时,要在不影响视觉效果的情况下进行内加固。

在粘接组合过程中,由于建筑物是由若干个面组成,即使切割再准确也存在着累计误差。所以操作中要随时调整建筑体量的制作尺寸,随时观察面与面、边与边、边与面的相互关系,确保模型造型与尺度。

另外,在粘接程序上应注意先制作建筑物的主体部分,其他部分如踏步、阳台、围栏、雨篷、廊柱等暂先不考虑,因为这些构件极易在制作过程中被碰损,所以只能在建筑主体部分组装成型后,再进行此类构件的组装。

在全部制作程序完成后,还要对模型作最后的修整,即清除表层污物及胶痕,对破损的纸面添补色彩等,同时还要根据图纸进行各方面的核定。

总之,用纸板制作建筑模型,无论是制作工艺,还是制作方法都较为复杂。但只要掌握了制作的基本技法,就能解决今后实际制作中出现的各种问题,从而使模型制作向着理性化、专业化的方向发展。

(三)木质模型制作基本技法

用木质材料(一般指航模板)制作建筑模型(图5-3-3)是一种独特的制作方法。它一般是用材料自身所具有的纹理、质感来表现建筑模型。它那古朴、自然的视觉效果是其他材料所不能比拟的。它主要用于古建筑和仿古建筑模型制作。基本制作技法可分为选材、材料拼接、画线、切割、打磨、粘接、组合等步骤。

1. 选材

木质模型最主要的是选材问题。因为用木板制作建筑模型,主要是利用材料自身的纹理和色彩,表层不作后期处理,所以选材问题就显得格外重要。

图 5-3-3 别墅模型

一般选材时应考虑如下因素:

(1) 木材纹理规整性

在选择木材时,一定选择木材纹理清晰、疏密一致、色彩相同、厚度规范的板材作为制作的基本材料。

(2) 木材强度

在制作木质模型时,一般采用航模板。板材厚度是 0.8~2.5mm,由于板材很薄,再加之有的木质密度不够,所以强度很低。在切割和稍加弯曲时,就会产生劈裂。因此,在选材时,特别是选择薄板材时,要选择一些木质密度大、强度高的板材作为制作的基本材料。

2. 材料拼接

在选材时,还可能遇到板材宽度不能满足制作尺寸的情况。在遇到这种情况时,就要通过木板拼接来满足制作需要。木板材拼接一般是选择一些纹理相近、色彩一致的板材进行拼接,方法有如下几种:

(1) 对接法

对接法是板材拼接的常用方法。它首先要将拼接木板的接口进行打磨处理,使其缝隙严密。然后,刷上乳胶进行对接。对接时略加力,将拼接板进行搓挤,使其接口内的夹胶溢出接缝。然后将其放置于通风处干燥。

(2) 搭接法

搭接法主要用于厚木板的拼接。在拼接时,首先要把拼接板接口切成子母口。然后,在接口处刷上乳胶并进行挤压,将多余的胶液挤出,经认定接缝严密后,放置于通风处干燥。

(3) 斜面拼接法

斜面拼接法主要用于薄木板的拼接。拼接时,先用细木工刨将板材拼接口刨成斜面,斜面大小视其板材厚度而定。板材越薄,斜面则应越大;反之,斜面越小。接口刨好后,便可以刷胶、拼接。拼接后检查是否有错缝现象,若粘接无误,将其放置于通风处干燥。

3. 画线

在上述材料准备完成后,便可进行画线。

画线时,可以在选定的板材上直接画线。画线采用的工具和方法可以参见厚纸板模型的画线工具和方法。同时,此材料还可以利用设计图纸装裱来替代手绘制图形。其具体作法是,先将设计图的图纸分解成若干个制作面,然后将分解的图纸用稀释后的胶水或浆糊(不要用白乳胶或喷胶)依次裱于制作板材上,待干燥后便可以进行切割。切割后,板材上的图纸用水闷湿即可揭下。此外,这里还应特别指出的是,无论采用何种方法绘制图形,都要考虑木板材纹理的搭配,确保模型制作的整体效果。

4. 切割

在画线完成后,便可以进行板材的切割。切割时,较厚的板材一般选用锯进行切割;薄板材一般选用刀进行切割。在选择刀具时,一般选用刀刃较薄且锋利的刀具。因为刀刃越薄、越锋利,切割时刀口处板材受挤压的力越小,从而减少板材的劈裂现象。

此外,在木板材切割过程中,除了要选用好刀具,还要掌握正确的切割方法。用刀具切割时,第一刀用力要适当,先把表层组织破坏,然后逐渐加力,分多刀切断。这样切割即使切口处有些不整齐,也只是下部有缺损,而决不会影响表层的效果。

5. 打磨

在部件切割完成后,按制作木模型的程序,应对所有部件进行打磨。打磨是组合成型前的最重要环节。

在打磨时,一般选用细砂纸来进行。具体操作时应注意以下三点:一要顺其纹理进行打磨;二要依次打磨,不要反复推拉;三要打磨平整,表层有细微的毛绒感。

在打磨大面时,应将砂纸裹在一个方木块上进行打磨。这样打磨接触面受力均匀,打磨效果一致。在打磨小面时,可将若干个小面背后贴好定位胶带,分别贴于工作台面,组成一个大面打磨。这样可以避免因打磨方法不正确而引起的平面变形。

6. 粘接、组合

在打磨完毕后,即可进行组装。在组装粘接时,一般选用白乳胶和德国生产的hart胶粘剂。切忌使用502胶进行粘接,因为502胶是液状,黏稠度低,它在干燥前可顺木材的孔隙渗入到木质中,待胶液干燥后,木材表面则留下明显的胶痕,这种胶痕是无法清除掉的。而白乳胶和德国生产的 hart 胶粘剂胶液黏稠度大,不会渗入到木质内部,从而保证粘接缝隙整洁美观。

在粘接组装过程中,采用的粘接形式可参照厚纸板模型的粘接形式,即面对面、面对边、边对边三种形式。同时在具体粘接组装时,还可以根据制作需要,在不影响其外观的情况下,使用木螺钉、元钉共同进行组装。

在组装完毕后,我们还要对成型的整体外观进行修整。

综上所述,木质模型的制作基本技法与厚纸板模型的制作基本技法有较多共性。在一定程度上,可以相互借鉴,互为补充。

(四)有机玻璃板及 ABS 板模型制作基本技法

有机玻璃板和 ABS 板同属于有机高分子合成塑料,这两种材料有较大的共同点,所以一并介绍其制作基本技法(图 5-3-4)。

有机玻璃板和 ABS 板是一种具有强度高、韧性好、可塑性强等特点的建筑模型制作材料。它主要用于展示类建筑模型的制作。该材料制作基本技法可分为选材、画线、切割、打磨、粘接、上色等步骤。

1. 选材

此类建筑模型的制作,首先进行的也是选材。现在市场上出售的有机玻璃板和 ABS 板规格不一,其厚度从 0.5~10mm,或者更厚。但用来制作建筑模型的有机玻璃板厚度一般为 1~5mm,ABS 板一般为 0.5~5mm。在挑选板材时,一定要观看规格和质量标准。因为,目前国内生产的薄板材,由于加工工艺和技术等因素影响,厚度明显不均。因此在选材时要合理地进行搭

图 5-3-4　别墅模型

配。另外，在选材时还应注意板材在储运过程中，材料的表面很可能受到不同程度的损伤。往往模型制作人员认为板材加工后还要打磨、上色，有点损伤并无大问题。其实不然，若损伤较严重，即使打磨、喷色后损伤处仍明显留存于表面，后悔晚矣。所以，在选材时应特别注意板材表面的情况。

在选材时，除了要考虑上述材料自身因素，还要考虑后期制作工序。若无特殊技法表现时，一般选用白色板材进行制作。因为白色板材便于画线，同时也便于后期上色处理。

2. 画线

在材料选定后，就可以进行画线放样。画线放样即根据设计图纸和加工制作要求将建筑的平立面分解并移置在制作板材上。在有机玻璃板和 ABS 板上画线放样有两种方法。其一是利用图纸粘贴替代手工绘制图形的方法，具体操作可参见木质模型的画线方法；其二是测量画线放样法，即按照设计图纸在板材上重新绘制制作图形。

在有机玻璃板和 ABS 板上绘制图形，画线工具一般选用圆珠笔和游标卡尺。

用圆珠笔画线时，要先用酒精将板材上面的油污擦干净，用旧的细砂纸轻微打磨一下，将表面的光洁度降低，这样能增强画线时的流畅性。

用游标卡尺画线时，同样先用酒精将板材上面的油污擦干净，但不用砂纸打磨即可画线。用游标卡尺画线，可即量即画，方便、快捷、准确。画线时，游标卡尺用力要适度，只要在表层留下轻微划痕即可。待线段画完后，可用手蘸些灰尘、铅粉或颜色，在划痕上轻轻揉搓，此时图形便清晰地显现出来。

3. 切割

在放样完毕后，便可以分别对各个建筑立面进行加工制作。其加工制作的步骤，一般是先进行墙线部分的制作，其次进行开窗部分的制作，最后进行平立面的切割。

在制作墙线部分时，一般是用勾刀做划痕来进行表现的。在用勾刀进行墙线勾勒时，一方面要注意走线的准确性，另一方面要注意下刀力度均匀，勾线深浅要一致。

在墙线部分制作完成后，便可以进行开窗部分的加工制作。这部分的制作方法应视其材料而定。

若制作材料是 ABS 板，且厚度在 0.5～1mm 时，一般用推拉刀或手术刀直接切割即可成型。

若制作材料是有机玻璃板或板材厚度在 1mm 以上的 ABS 板时，一般是用曲线锯进行加工制作。具体操作方法是先用手摇钻或电钻在有机玻璃板将要挖掉的部分钻上一个小孔，将锯条穿进孔内，上好锯条便可以按线进行切割。如果使用 1mm 板材加工时，为了保险起见，可以用透明胶纸或即时贴贴在加工板材背面，从而加大板材的韧性，防止切割破损。

待所有开窗等部位切割完毕后，还要用锉刀进行统一修整。修整时要细心，并且有耐心。

修整后，便可以进行各面的最后切割。即把多余部分切掉，使之成为图纸所表现的墙面形状。此道工序除了用曲线锯来切割外,还可以用勾刀来切割。用勾刀切割时,一般是按图样留线进行勾勒,也就是说,勾下的部件上应保留图样的画线。因为勾刀勾勒后的切口是V形,勾下后的部件,还需打磨方能使用。所以在切割时应留线勾勒,以确保打磨后部件尺寸的准确无误。

4.打磨、粘接、组合

待切割程序全部完成后,要用酒精将各部件上的残留线清洗干净,若表面清洗后还有痕迹,可用砂纸打磨。

打磨后,便可以进行粘接、组合。有机玻璃板和ABS板的粘接和组合是一道较复杂的工序。在这类模型的粘接、组合过程中,一般是按由下而上、由内向外的程序进行。对于粘接形式无需过多地考虑,因为此类模型在成型后还要进行色彩处理。

在具体操作时,首先选择一块比建筑物基底大、表面平整而光滑的材料作为粘接的工作台面,一般选用5mm厚的玻璃板为宜。其次在被粘接物背后用深色纸或布进行遮挡,这样便可以增强与被粘接物的色彩对比,有利于观察。

在上述准备工作完毕后,便可以开始粘接组合。在粘接有机玻璃板和ABS板时,一般选用502胶和三氯甲烷作粘接剂。在初次粘接时,不要一次将粘接剂灌入接缝中,应先采用点粘,进行定位。定位后要进行观察,观察时一方面要看接缝是否严密、完好,另一方面要看被粘接面与其他构件间的关系是否准确,必要时可用量具进行测量。在认定接缝无误后,再用胶液灌入接缝,完成粘接。在使用502胶做粘接材料时,应注意在粘接后不要马上打磨、喷色,因为502胶不可能在较短的时间内完全挥发,若马上打磨喷色,很容易引起粘接处未完全挥发的成分与喷漆产生化学反应,使接缝产生凹凸不平感,影响其效果。在使用三氯甲烷作胶粘剂时,虽说不会产生上述情况,但三氯甲烷属有机溶剂,在粘接时,若一次使用太多量的三氯甲烷,极易把接缝处板材溶解成黏糊状,干燥后引起接缝处变形。总之,在使用上述两种胶粘剂进行各种形式的粘接时,都应该本着"少量多次"的原则进行。

当模型粘接成型后,还要对整体进行一次打磨。打磨重点是接缝处及建筑物檐口等部位。这里应该注意的是,此次打磨应在胶液充分干燥后进行。一般使用502胶粘接时,需干燥1小时以上;用三氯甲烷粘接时,需干燥2小时以上,才能进行打磨。

打磨一般分两遍进行。第一遍采用锉刀打磨。在打磨缝口时,最常用的是20.32～25.4cm (8～10in)中细度板锉。在使用锉刀时要特别注意打磨方法。一般在打磨中,锉刀是单向用力,即向前锉时用力,回程时抬起,而且还要注意打磨力度要一致。这样才能保证所打磨的缝口平直。第二遍打磨可用细砂纸进行,主要是将第一遍打磨后的锉痕打磨平整。

在全部打磨程序完成后,要对已打磨过的各个部位进行检验。在检验时,一般是用手摸眼观。手摸是利用感觉检查打磨面是否平整光滑;眼观是利用视觉来检查打磨面。在眼观时,打磨面与视线应形成一定角度,避免反光对视觉的影响,从而准确地检查打磨面的光洁度。

在检验后,有些缝口若有负偏差时,则需做进一步加工。方法有二:

(1)选择与材料相同的粉末,堆积于需要修补处,然后用三氯甲烷将粉末溶解,并用刻刀轻微挤压,挤压后放置于通风处干燥。干燥时间越长越好,待胶液完全挥发后再进行打磨。

(2)用石膏粉或浓稠的白广告色加白色自喷漆搅拌,使之成为糊状。然后用刻刀在需要修补处进行填补。填补时应注意该填充物干燥后有较大的收缩,所以要分多次填补才能达到理想效果。

5. 上色

上色是有机玻璃板、ABS板制作建筑主体的最后一道工序。一般此类材料的上色都是用涂料来完成。目前,市场上出售的涂料品种很多,有调合漆、磁漆、喷漆和自喷涂料等。在上色时,首选的是自喷漆类涂料。这种上色剂具有覆盖力强、操作简便、干燥速度快、色彩感觉好等优点。

其具体操作步骤是,先将被喷物体用酒精擦拭干净,并选择好颜色合适的自喷漆。然后将自喷漆罐上下摇动约20秒,待罐内漆混合均匀后即可使用。喷漆时,一定要注意被喷物与喷漆罐的角度和距离。一般被喷物与喷漆罐的夹角在30°~50°之间。喷色距离以300mm左右为宜。具体操作时应采取少量多次的喷漆原则,每次喷漆间隔时间一般在2~4分钟。雨季或气温较低时,应适当地延长间隔时间。在进行大面积喷漆时,每次喷漆的顺序应交叉进行。即第一遍由上至下,第二遍由左至右,第三遍再由上至下依次转换,直至达到理想的效果。

此外,在喷漆的实际操作中,如果需要有光泽的表层效果时,在喷漆过程中应缩短喷漆距离并均匀地减缓喷漆速度,从而使被喷物表层在干燥后就能形成平整而光泽的漆面。但应该指出的是,在喷漆时,被喷面一定要水平放置,以防漆层过厚而出现流挂现象。如果我们需要亚光效果时,在喷漆过程中要加大喷漆距离和加快喷漆速度,使喷漆在空中形成雾状并均匀地散落在被喷面表层,这样重复数遍后漆面便形成颗粒状且无光泽的表层效果。

综上所述,自喷漆是一种较为理想的上色剂。但是由于目前市场上出售的颜色品种有限,从而给自喷漆的使用带来了局限性。如果在上色时,在自喷漆中选择不到合适的颜色,便可用磁漆或调合漆来替代。

(五)石膏材质模型制作基本技法

石膏材质的模型在平时的制作练习中很少用到,其原因是在于一连串的作业以及石膏模型制作耗费大。以吸引人的母模型或原模型为出发点,它必须稳固而准确地制作,因为铸造体上的错误与不干净和总体的铸件是不可更改的(图5-3-5)。

这里所说的石膏材质为熟石膏,这种模型材料早在15世纪后,就被广泛应用于艺术界及艺术设计、建筑等领域,成为复制黏土等可塑性材料所塑造的作品的通用成型方法。

1. 石膏材料

生石膏即天然石膏,是一种天然的含水硫酸钙矿物,纯净的天然石膏常呈厚板状,是无色

图5-3-5　朗香教堂模型

半透明的结晶体。将生石膏煅烧至120℃以上而不超过190℃时,生石膏中水分约失去3/4而成为半水石膏。若再将温度提高到190℃以上时,半水石膏就开始分解,释放出石膏中的全部结晶而成为无水石膏即无水硫酸钙。半水石膏和无水石膏统称为熟石膏。

用熟石膏制作模型具有以下几个特点:

(1)在不同的湿度、温度下,能够保持模型尺寸的精确;

(2)安全性能高,成本较低,经济实惠;

(3)可塑性能好,可以应用于不规则以及复杂形态的作品;

(4)使用方法简单;

(5)成型时间较短。

2.调制石膏的方法和步骤

在开始调制石膏浆的操作前,必须先在容器中放入清水,然后再用手抓起适量的熟石膏粉,一次一次慢慢地、均匀地把石膏粉撒到水中,让石膏粉因自重下沉,直到撒入的石膏粉比水面略高,此时停止向水中撒石膏粉。

让石膏粉在水中浸泡1~2分钟,使石膏粉吸足水分后,用搅拌用具或手向同一方向进行轻轻地搅拌,搅拌应该轻轻地、缓慢地、均匀地进行,以减少由于空气溢入而在石膏中形成的气泡。连续搅拌直到在石膏浆中没有块状为止,在搅拌的同时,感到石膏浆有了一定的黏稠度,外观像浓稠的乳脂,此时的石膏浆处于最佳的制作状态。

3.石膏成型的技法

石膏模型成型的方法有雕刻成型、旋转成型、翻制成型和平板成型等方法。

(1) 雕刻成型

首先,按照我们要制作的模型零件的外观形状做一个大于模型尺寸的坯模,然后将调制好的石膏浆注入坯模块,待发热凝固后即可用于雕刻加工。

(2) 旋转成型

按照上述制作坯模的方法,在转轮上浇注石膏坯料,旋削时可手持模板或刀具依靠托架进行回旋以刮削成型。

(3) 翻制成型

将模型按制品的形状确定分模数量。一般有整体模、二件模、三件模等,翻模件数的多少反映了翻制工艺的繁简。通常翻制模型以采用二件模为多。

(4) 平板成型

利用石膏的属性,采用简单的加工方法,制作出平整的石膏板。

首先,在一块平整、干净的表面(如玻璃表面)上,按实际的形态和尺寸大小的需要,选用符合所需要厚度的木条或其他材料作为挡板,围成一个四周封闭、垂直的浇注空间,形成一个供灌注石膏浆的框架。然后,将调制好的石膏浆均匀地慢慢地倒入预先搭好的框架中。在石膏尚未凝固时,在平板玻璃上用重物压镇,以上的操作过程应该快速、有序、准确、不可间断。等石膏凝固大约10分钟左右,用手摸,石膏不粘手,就可以移去覆盖在石膏上的玻璃板和周围的挡板,再用刮刀对表面边角进行修整,就可以制作出一块平整的石膏板。

4. 石膏铸形修整与补充工作的工具与材料有:各式各样的刺铁和挖刀、模型建筑尺、磨刀、石膏、水、毛笔。

二、建筑模型制作特殊技法

在建筑模型制作中,有很多构件属异型构件,如球面、弧面等。这些构件的制作,靠平面的组合是不能完成的。因此,作为这类构件的加工制作,只能靠一些简易的、特殊的制作方法来完成。这种特殊的制作方法概括起来有如下三种。

(一) 替代制作法

替代制作法是建筑模型制作中完成异形构件制作的最简捷的方法。所谓替代制作法就是利用已成型的物件经过改造完成另一种构件的制作。这里所说的"已成型的物件",主要是指我们身边存在的、具有各种形态的物品,乃至我们认为的废弃物。因为这些有形的物品是通过模具进行加工生产的,并且具有很规范的造型。所以这些物品只要形和体量与我们所要加工制作的构件相近,即可拿来进行加工整理,完成所需要构件的加工制作。例如,在制作某一模型时,需要制作一个直径为40mm左右的半圆球面体构件,很显然这个构件靠平面组合的方法制作是无法完成的。因此,必须寻找是否有这种类型的物件。其寻找的思路是,先不要考虑我们所要完成物件的形态,要把这个构件概括为球体。这时我们便不难发现乒乓球的直径、形状和要加工制作的构件相似,于是我们便可以按构件的要求,用剪刀将乒乓球剪成所需要的半圆体。

以上所举的例子,只是一个简单构件的处理方法。当我们在制作造型比较复杂的异形构件时,如果不能直接寻找到替代品时,我们可以将构件分解到最简单、最基本的形态去寻找替代品,然后再通过组合的方式去完成复杂构件的加工制作。

(二) 模具制作法

用模具浇注各种形态的构件是制作异形构件的方法之一。在利用这种方法进行构件制作时,首先要进行模具的制作。模具的制作有多种方法,这里将介绍一种简单易行的制作方法。这种方法是先用纸黏土或油泥堆塑一个构件原型。堆塑时,要注意表层的光洁度与形体的准确性。待原型堆塑完成并干燥后,在其外层刷上隔离剂后即可用石膏来浇注阴模,在阴模浇注成型后,要小心地将模具内的构件原型清除掉。最后,用板刷和水清除模具内的残留物并放置通风处,进行干燥。

在模具制作完成后,我们便可以进行构件的浇注。一般常用的浇注材料有石膏、石蜡、玻璃钢等。其中,容易掌握且最常用的是石膏。其制作方法是先将石膏粉放入容器中加水进行搅拌。加水时要特别注意两者的比例,若水分过多时,则影响膏体的凝固;反之,则会出现未浇注膏体就凝固的现象。一般情况下,水应略多于石膏粉。当我们把水与石膏搅拌成均匀的乳状膏体时,便可以进行浇注。

浇注前,应先在模具内刷上隔离剂。浇注时,把液体均匀地倒入模具内,同时应轻轻振动模具,排除浇注时产生的气泡。在浇注后,不要急于脱模,因为此时水分还未排除,强度非常低,若脱模过早,会产生碎裂。所以,在浇注后要等膏体固化,再进行脱模。脱模后便可以得到所需要制作的构件。若翻制的异形构件体、面感觉较粗糙时,还可以在石膏完全干燥后进行打磨修整。

(三) 热加工制作法

热加工制作法是利用材料的物理特性,通过加热、定型产生物体形态的加工制作方法。

这种制作方法适用于有机玻璃板和塑料类材料及具有特定要求构件的加工制作。仍以前节提到的半球面体构件为例,如果制作要求限定为透明半球面体时,利用替代制作法和模具浇注制作法很难完成此构件的加工制作。因此,只能用薄透明有机玻璃板,通过热加工来完成此构件的加工制作。

在利用热加工制作法进行构件制作时,与模具制作法一样,首先,要进行模具的制作。但是热加工制作法的模具制作没有一定模式。这是因为有的构件需要阴模来进行加工制作,而有的构件则需要阳模进行压制。所以,热加工制作法的模具应根据不同构件的造型特点和工艺要求进行加工制作。另外,作为加工模具的材料也应根据模具在压制构件过程中挤压受力的情况来选择。总之,无论采用何种形式与材料进行模具加工制作,在模具完成后,便可以进行热加工制作。

在进行热加工制作时,首先要将模具进行清理。要把各种细小的异物清理干净,防止压制成型后影响构件表面的光洁度。同时,还要对被加工的材料进行擦拭。擦拭后便可以进行板材的加热。在加热过程中,要特别注意板材受热要均匀,加热温度要适中,当板材加热到最佳状态时,要迅速地将板材放入模具内,并进行挤压及冷却定型。待充分冷却定型后,便可进行脱模。脱模后,稍加修整,便可以完成构件的加工制作。

三、建筑模型的绿化制作

在建筑模型制作中,除了建筑主体、道路和铺装的制作外,大部分的制作属于绿化制作的范畴。

在现实生活中的绿化形式多种多样,有树木、树篱、草坪、花坛等,因此,在建筑模型制作中,它的表现形式也跟随着生活中的式样。但是,不管是现实生活还是制作建筑模型,就绿化的总体而言,既要形成一种统一的风格,又不能破坏与建筑主体之间的关系。

用于建筑模型绿化的材料品种很多。常用的有植绒纸、即时贴、大孔泡沫、绿地粉等。目前,市场上还有各种成型的绿化材料。但因受其种类与价格等因素的制约,而未被广大制作者接受。下面介绍几种常用的绿化形式和制作方法。

(一)绿地

绿地在整个建筑模型盘面中所占的比重是相当大的,绿地的类型在建筑模型中分为平地绿化和山地绿化。平地绿化,顾名思义,可以运用绿化材料一次剪贴完成;而山地绿化,则需要通过多层的制作来完成。

不管是平地绿化还是山地绿化,在挑选材质时,首先要选择绿地的颜色,一般常用的颜色有深绿、土绿和橄榄绿。为了使建筑与环境的统一,加强与建筑主体、绿化细部间的对比,所以在选择大面积的绿地颜色时,我一般采用的是深色调。

绿地虽然占盘面的比重较大,但在色彩及材料选定后,制作方法也较为简便。

在制作平地绿化的时候,首先,按图纸的形状将若干块绿地剪裁好。在选用植绒纸做绿地时,一定要注意材料的方向性。在阳光的照射下,植绒纸方向不同,则呈现出深浅不同的效果。待全部绿地剪裁好后,便可按其具体部位进行粘贴。

在选用即时贴类材料进行粘贴时,一般先将一角的覆背纸揭下进行定位,并由上而下地进行粘贴。粘贴时,一定要把气泡挤压出去。即时贴属塑性材质,下揭时,用力不当会造成绿地变形。所以,遇气泡挤压不尽时,可用火头针在气泡处刺上小孔进行排气,这样便可以使粘贴面保持平整。

在选用仿真草皮或纸类作绿地进行粘贴时,要注意粘合剂的选择。如果是往木质或纸类的底盘粘贴时,可选用白乳胶或喷胶。如果是往有机玻璃板底盘上粘贴,则选用喷胶或双面胶带。

此外,现在用喷漆的方法来处理大面积绿地的方法比较流行,此种方法操作较为复杂。

第五章　建筑模型的设计与制作

首先，要选择好合适的喷漆。一般选择的是自喷漆。其次要按绿地具体形状，用遮挡膜对不作喷漆的部分进行遮挡。在选择遮挡膜时，要选择弱胶类，以防揭膜时，破坏其他部分的漆面。

另一种是选用厚度为 0.5mm 以下的 PVC 板或 ABS 板做喷漆的材料，按其绿地的形状进行剪裁，然后对裁剪好的 PVC 板或 ABS 板进行喷漆。待全部喷完、干燥后进行粘贴。此方法适宜大比例模型绿地的制作。这种制作方法可以造成绿地与路面的高度差，从而更形象、逼真地反映环境效果。

在制作山地绿化时，基本材料常用的是自喷漆、绿地粉、胶液等。

具体制作方法是：先将堆砌的山地造型进行修整，修整后用废纸将底盘上不需要做绿化的部分，进行遮挡并清除粉末。然后将胶液（胶水或白乳胶）用板刷均匀涂抹在面层上，然后将调制好的绿地粉均匀地撒在上面。在铺撒绿地粉时，可以根据山的高低及朝向做些色彩的变化。在绿地粉铺撒完后，可进行轻轻地挤压。然后，将其放置一边干燥。干燥后，将多余的粉末清除，对缺陷再稍加修整，即可完成山地绿化。

（二）树木和树篱

几乎很少有建筑模型是没有树的，如果不用树木造景就会让人觉得模型比例很假。一棵太矮的树或一棵直径太小的树会让建筑主体显得较高且较巨大。

制作建筑模型的树木有一个基本的原则，即似是而非。换言之，在造型上，要源于大自然中的树；在表现上，要高度概括。就其制作树的材料而言，一般选用的是天然物质和人造产品所做的树木。

1. 用泡沫塑料制作树的方法

在制作树木时，所用的泡沫塑料一般有两种，一种是细空的泡沫塑料，也就是我们平时所说的海绵；一种是大孔泡沫塑料，其密度较小，孔隙较大，是制作树木的一种较好的材料。

在制作针叶锥状体树木时，我们常选用细孔的泡沫塑料，其孔隙小，其质感接近于针叶树的感觉。在制作中，我们为了表现绿化的层次感，一般先把泡沫塑料进行着色处理，然后用剪刀剪成锥状体即可使用。

在制作阔叶球状树木时，我们常选用大孔泡沫塑料，其孔隙大，蓬松感强，表现球状的树木效果较强，在制作中，将泡沫塑料按其树冠的直径大小剪成若干个小方块，然后再修剪其棱角，剪为球状体，再着色形成一棵棵树木。

在制作具象的树木时，一般是要将实际生活中的树木以一定比例缩小表现在沙盘中，所以要将树干、枝、叶等部分表现出来。首先，我们选用裸铜线制作树干和枝，将多股电线的外皮剥掉，将其裸铜线拧紧，并按照树木的高度截成若干节，再把上部分的枝杈部位劈开，树干就制作完成。然后，树冠的制作部分，一般是选用细的泡沫塑料。在制作时，先将泡沫塑料作着色处理，可以染成深浅不一的色块，待颜色干燥后，进行粉碎，颗粒可大可小，然后放在容器中即可。将事先做好的树干上涂抹上乳胶,再将涂有乳胶的树干部分放在装泡沫塑料的容器中搅拌,待涂有乳胶部分的树干上都沾满泡沫塑料粉末后,将其拿到一旁晾干,完全干燥后,可用剪刀修整树形,修整后的树木就可以应用到沙盘绿化中了。

2.用纸制作树的方法

用纸板制作树木是一种比较流行且较为抽象的表现手法,在制作时,要把握好纸的色彩和厚度,最好选用有肌理的纸张,然后,按照尺寸和需要的形状进行裁剪。

3.树篱的制作方法

树篱是由多棵树木排列,并通过修剪而成的一种绿化形式。

在表现这种绿化形式时,由于比例比树木小,所以,我们可以直接用已经染好颜色的泡沫塑料,按其形状进行剪贴即可。

(三)花坛的制作

花坛也是环境绿化中的组成部分,虽然面积不大,但处理要得当,则起到画龙点睛的作用。在制作花坛时,一般选用绿地粉或大孔的泡沫塑料。在用绿地粉制作时,首先将花坛的底部用乳胶或胶水涂抹,然后撒上绿地粉,并用手轻轻按压,使其粘牢。在用大孔的泡沫塑料制作时,首先要将泡沫塑料块撕碎,然后沾胶进行堆积,即可形成花坛。

(四)水面的制作

水面制作的表现方式和方法要根据建筑模型的比例及风格的变化而变化。在制作建筑模型比例较小的水面时,我们可以将水面与路面的高差忽略不计,直接用蓝色的即时贴按其形状剪裁进行粘贴;也可以用遮挡着色法进行处理,其做法为,先将遮挡膜贴于水面位置,然后进行漏刻,刻好后,用蓝色的自喷漆进行喷色,待漆干燥后,将遮挡膜揭掉即可。在制作建筑模型比例较大的水面时,首先要考虑的是水面和路面高差的表现问题,一般通常采用的方法是,先将底盘的水面部分进行漏空处理,然后将透明的有机玻璃板按设计高差贴于漏空处,并用蓝色喷漆在有机玻璃板下喷上蓝色即可。

(五)汽车的制作

汽车是建筑模型环境中不可缺少的点缀物,目前,虽然市面上有许多汽车型材,但是我们还是要了解制作汽车的一些简单方法。方法一是,将所要制作的汽车按其比例和车型各制作出一个标准样品,然后翻制出模具,再用石膏或者石蜡进行大批量地灌制,等灌制、脱模后,统一喷漆,即可使用;方法二是,手工制作汽车模型,在制作小比例汽车时,可以用彩色橡皮泥,直接切割,在制作大比例汽车时,最好选用有机玻璃,按照其形状进行加工,然后粘接,再进行打磨,最后喷漆完成。

(六)公共设施和标志的制作

公共设施和标志是随着模型比例的变化而产生的一类配景。一般包括路标、围栏、建筑物标志等,在制作这类配景物时,首先要按好比例以及造型将配景物做好,然后再进行统一喷漆。所用的材料多种多样,比如小木板、金属线、锡纸等材料,根据需要和方便进行选择。此外,在模型制作中,若仿真程度要求较高,也可以用一些市面上的成品部件。

(七) 建筑环境小品的制作

建筑小品的范围很广,如建筑雕塑、假山等,这类配景在整个建筑模型制作中所占的比例较小,但可以在整个盘面中起到画龙点睛的效果。所以说,在材料的选择上要视表现对象而定。

在制作小雕塑的时候,我们可以用橡皮、纸黏土、石膏等可塑性较强的材料,制作出极富表现力和感染力的雕塑小品;在制作假山类的小品时,可选用的材料有有机玻璃、碎石块等,通过喷色粘合,可制作出形态不一的假山。

另外,无论雕塑还是假山类的这类配景物,在表现形式上要抽象化、概括化,不要过于在这儿细致刻画,而喧宾夺主。

(八) 标题、指北针的制作

标题、指北针等是建筑模型中的重要组成部分,一方面起到装饰的作用,一方面又有示意性功能。在这往往被人忽视的制作中,通常都是草草了之,结果破坏了建筑模型整体的效果。其实,可以选用的方法很多,如有机玻璃的制作方法、即时贴的制作方法、雕刻机的制作方法等。用有机玻璃制作标题、指北针,是一种传统的方法,由于用有机玻璃加工规范的标准字很难,所以现在很少采用这种方法来制作;而目前用即时贴制作方法的人很多,首先将内容用电脑刻字机加工出来,然后用转印纸将内容转贴到底盘上就可以了,这种方法过程既简单方便,而且美观大方;用雕刻机的制作方法是档次较高的一种表现形式,工艺较为复杂,需要专门的加工设备,所以一般是另找人专门加工。

总之,无论采用何种制作方法,在内容上要简洁明了,尺寸大小上要适度,千万不要喧宾夺主。

第四节 建筑模型制作实例

一、北京四合院模型制作

(一) 模型内容简介

1. 四合院背景内容

四合院是堪称最能体现北京特色的建筑,北京现存有大约 2000 座四合院,其中的 600 多座已经被挂牌保护。随着 2008 年奥运会的临近,四合院的研究和保护也渐渐被关注。

北京四合院是北京人世代居住的主要建筑形式,它作为中国传统居住建筑的典范,驰名中外,世人皆知。所谓四合院,是指由东、西、南、北四面房子围合起来形成的内院式住宅。老北京人称它为四合院。

四合院的建筑布局明显受到古代风水说的影响，大门都不开在中轴线上，而开在八卦的"巽"位或"乾"位。所以路北住宅的大门开在住宅的东南角上,路南住宅的大门开在住宅的西北角上。

北京正规四合院一般依东西向的胡同而坐北朝南,基本形制是分居四面的北房（正房）、南房（倒座房）和东、西厢房,四周再围以高墙形成四合,开一个门。大门辟于宅院东南角"巽"位。房间总数一般是北房3正2耳5间,东、西房各3间,南屋不算大门4间,连大门洞、垂花门共17间。如以每间11~12m²计算,全部面积约200m²。四合院中间是庭院,院落宽敞,庭院中植树栽花,备缸饲养金鱼,是四合院布局的中心,也是人们穿行、采光、通风、纳凉、休息、家务劳动的场所。

北京四合院的基本结构是四面住房包围中央的庭院,北京的胡同大多为东西走向,因而四合院多为南北向,这一特点在北京内城尤为明显。北京四合院中央的院落非常宽敞,比较方正,并且院落里不能种松柏树和杨树,因为那是阴宅中种的树木,门楼、影壁、门墩等建筑细部也都有浓郁的北京特色。

2.四合院的建筑结构

(1)门楼

门楼又叫街门、宅门,是北京四合院与外界沟通的通道,一般都修筑在整个院落的东南侧,以取"紫气东来"之意（也有说法是占据八卦中的"巽位"）。

(2)影壁

影壁,也称照壁,是一堵墙,在四合院中通常用于遮挡视线,实现美化和突出大门的作用。

影壁通常是由砖砌成,由座、身、顶三部分组成,座有须弥座,也有简单的没有座。

墙身的中心区域称为影壁心,通常由45°角斜放的方砖贴砌而成,简单一点的影壁可能没有什么装饰,但也必须磨砖对缝非常整齐,豪华的影壁通常装饰有很多吉祥图样的砖雕。影壁墙上的砖雕主要有中心区域的中央和四角,在与屋顶相交的地方也有混枭和连珠。中心方砖上面一边雕刻有中心花、岔角,在影壁墙的中央还镶嵌有福寿字的砖匾或者是带有吉祥意味的砖雕。

(3)倒座房

倒座房是整个四合院中最南端的一排房子,因其门窗都向北,采光不好,因此一般作为客房或者下人居住的房屋。南侧的街门、倒座房、北侧的垂花门和游廊共同围成四合院的前院,前院是主人会客办公的场所,通过垂花门之后才是内宅,即四合院的生活区。

(4)垂花门

垂花门又称二门,开在内外院之间的隔墙上,位于院落的中轴线上。垂花门的外檐柱不是从地上立起的,而是悬在中柱的横木上,称为垂柱,垂柱的下端有一垂珠,通常彩绘为花瓣的形式,因此称为垂花门。垂花门是四合院中装饰富丽的建筑。

(5)正房

第五章 建筑模型的设计与制作

四合院的正房一般3间,大四合院的正房可以有5~7间,坐北朝南,是一家之主的居所。中央的房间称为堂屋,三开间的正房堂屋两侧是卧室和书房,正房的特点是冬天太阳能够照进屋里,冬暖夏凉。

(6)厢房

东西厢房是子孙们的住房,一般以西厢房为尊东厢房为卑,因此在建筑上东西厢房的高度有着细微的差别,西厢房略高东厢房略低,但由于差别非常细微,因此很难用肉眼看出来。厢房一般也是3间。

(7)耳房

正房两侧的两间房间高度低于堂屋,且布局颇似人的双耳,故被称作耳房。如果院子狭长,厢房通常也会有耳房,通常是平顶的,因此厢房的耳房被称为盝顶。

(8)后罩房

后罩房通常是最里一进院子的,靠近院落边界的房子,通常主人的女儿居住。

(9)庭院

庭院,内宅的院落中有正南北十字形的甬道,老北京的住户大多会在院子里栽上树,除了松、柏和杨树等因为多种在坟地而不能栽种外,其他各种树木都有种植。过去北京有民谚:"桑松柏梨槐,不进府王宅",说的就是在庭院种树的禁忌。比较常见的花木有海棠、丁香、枣树、石榴等。此外民间还有养鱼的习俗,多用直径超过1m的大缸养着各色金鱼或种植碗莲,不仅能够美化院落还有防火的作用。

3.四合院结构示意图(图5-4-1)

(二)制作前期准备

1.资料的准备

根据制作要求和前面所介绍的四合院的特点收集背景资料,通过对资料的分析总结,设计并制作全部的图纸。其中包括:总平面图、单体建筑平面图、立面图。

在上述图纸制作完成之后,要对关键部位的数据进行仔细的推敲并核查。

2.材料的准备

根据绘制的图纸、要求、表现形式及模型的制作比例,准备主材和辅材。

该建筑模型的主材,选用航模板。辅材类的准备根据主材类的制作内容进行合理配置。

(三)制作过程

图5-4-1 三进院落的平面图

1. 建筑单体制作

(1) 绘制建筑模型工艺图 (图 5-4-2)

首先要确定建筑主体模型的比例尺寸,然后按比例绘制出制作建筑模型所需要的平面图和立面图。

(2) 排料画线 (图 5-4-3)

在制作建筑单体部件时,首先将制作的建筑单体平面进行分解,分解后将各个二维平面描绘在材料航模板上。

在画线时,除了要考虑画线的准确度,还要考虑到由于对接形式而引起的板材尺寸的变化。

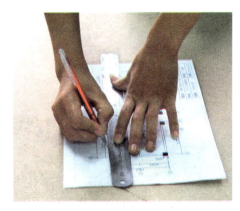

图 5-4-2　绘制建筑模型工艺图

(3) 切割 (图 5-4-4)

切割时,先划出一道划痕,使用切刀时要用力均匀。然后,再根据划痕切割,切割面要平整。

(4) 精细加工部件 (图 5-4-5)

(a)

(b)

图 5-4-3　排料画线

图 5-4-4　切割材料

图 5-4-5　精细加工部件

对建筑模型较有特点的细小部件进行加工,将材料部件进行细致地切割、雕刻、打磨,同时进行精细修整和加工,这样能使建筑模型更加富有特点。

(5) 打磨 (图 5-4-6、图 5-4-7)

在进行小部件粘合时,先将要粘合的部件进行打磨,以便更好地进行抹胶粘合;在一定的小面积部件组合成型后,对接缝处进行打磨,使用打磨工具的时候,要注意打磨角度,防止接缝开胶。

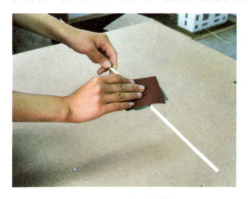

图 5-4-6 打磨材料

图 5-4-7 打磨零部件

(6) 组装 (图 5-4-8～图 5-4-10)

组装是将制作完成部件组合成建筑单体部件,在这一阶段,要特别注意的是面与面、边与边的平行和垂直关系以及角度的倾斜。

(7) 整体修整 (图 5-4-11)

在各个单体建筑部件组装完成后,对整体建筑模型进行整体修整,修整转角处的接缝,用砂纸修整打磨平面。

(a)

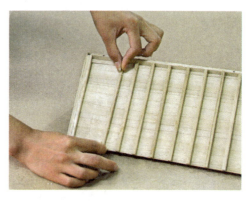

(b)

图 5-4-8 组装零部件 (一)

第四节 建筑模型制作实例

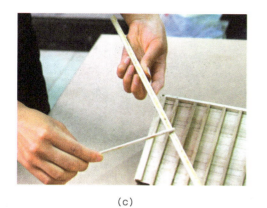
(c)

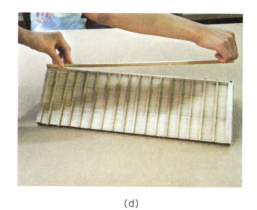
(d)

(e)

图 5-4-8 组装零部件（二）

图 5-4-9 四合院屋顶

图 5-4-10 四合院雏形

第五章 建筑模型的设计与制作

(a)

(b)

图 5-4-11 整体修整

2. 底盘制作（图 5-4-12）

考虑到整个北京四合院的建筑模型使用的材料是航模板，故底盘的材料我们采用 1.5cm 厚的三合板来制作，表面和边框打磨好，做好表层的粘贴处理。

3. 配景物制作（图 5-4-13、图 5-4-14）

该建筑模型配景主要是树木，该树木有别于我们在前边讲的制作树木的方法，为了与整体协调统一，我们采用的是利用航模板的下脚料来制作一棵具有装饰味的树木。虽然有别于平常的树木，但是放在四合院的建筑模型中十分和谐统一。

图 5-4-12 配置底盘

图 5-4-13 制作树木

图 5-4-14 完成树木配置

4.完成布盘（图 5-4-15）

建筑单体部件的粘合,单体建筑的组合,与底盘的粘合,最后完成具有老北京特色的北京四合院的建筑模型制作。最后,完成布盘之后,还要进行清理和总体的调整,根据视觉效果,对局部进行修整。

在总体的调整后,北京四合院建筑模型就全部结束了。

图 5-4-15　整体四合院完成

二、北京某别墅小区模型制作

（一）模型内容简介

根据设计方要求,此建筑模型为别墅建筑模型,根据别墅建筑的功能、结构和整体风格进行材料的选择、制作和艺术处理。

（二）制作前的准备

1.资料的准备

根据制作要求和前面所介绍的别墅区的特点收集背景资料,通过对资料的分析总结,设计并制作全部的图纸。其中包括:总平面图、单体建筑平面图、立面图。

在上述图纸制作完成之后,要对关键部位的数据进行仔细地推敲并核查。

2.材料的准备

根据绘制的图纸、要求、表现形式及模型的制作比例,准备主材和辅材。

该建筑模型的主材,选用纸材。辅材类的准备根据主材类的制作内容进行合理配置。

(三)制作阶段

1. 建筑单体制作

(1) 绘制建筑模型工艺图（图5—4—16）

(2) 排料画线（图5—4—17）

(3) 剪裁切割加工（图5—4—18）

(4) 主体部件的粘合组装（图5—4—19、图5—4—20）

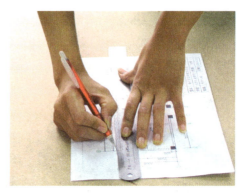

图5—4—16　绘制图纸

图5—4—17　对材料进行排线

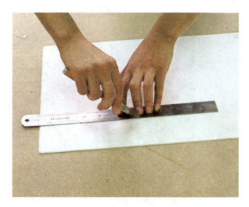

图5—4—18　剪裁材料

图5—4—19　零部件的粘合

图5—4—20　零部件组装

2. 配景物的制作（图 5-4-21～图 5-4-24）
3. 底盘的粘合（图 5-4-25）
4. 建筑与底盘的粘合（图 5-4-26）

图 5-4-21　制作树木配景

图 5-4-22　配景搭配

图 5-4-23　制作水池配景

图 5-4-24　配景搭配

图 5-4-25　制作底盘

图 5-4-26　单体建筑与底盘的粘合

5. 整体布盘（图 5-4-27）

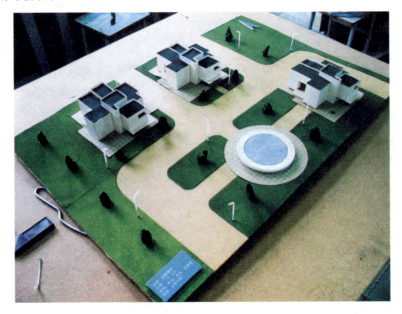

图 5-4-27　建筑群的整体布盘

第六章　园林模型的设计与制作

中国造园艺术历史悠久,源远流长。从《诗经》的记述中可以看出,早在周文王的时候就有了营建宫苑的活动。在魏、晋、南北朝时期,开始形成并出现了作为观赏艺术的私家园林和寺庙园林。在隋、唐、五代达到了一个新的水平——由于文人的直接参与造园活动,从而把造园艺术与诗、画相联系,有助于在园林中创造出诗情画意的境界。宋代造园活动空前高涨,伴随着文学诗词,特别是绘画艺术的发展,对自然美的认识不断深化,对造园艺术产生了深刻的影响。元代处于滞缓状态和低潮。明、清再次达到高潮。造园艺术活动无论在数量、规模或类型方面都达到空前的水平;造园艺术、技术日趋精致、完善。

在我国遗留下来的古建筑实物中,以唐宋元明清时期的建筑较多。按屋顶形式分类,常用的有:庑殿建筑、歇山建筑、硬悬山建筑、攒尖顶建筑等;按功能要求分类有:宫殿厅堂、亭台楼阁、水榭石舫、垂花门牌楼等。

第一节　传统园林模型制作的通则和比例的把握

中国的传统园林是在居住与游览双重目的下发展起来的,具有很高的艺术价值和欣赏价值。这种独具风格的自然风景式园林,一方面,将大自然的素材经过概括、提炼和再创作,造成各种意境;另一方面,又在山水花木之间建造起供人们游憩宴饮等需要的亭、台、楼、阁、廊、榭、轩、舫、花门、曲桥等建筑物。秀丽的自然山水配以形态各异的园林建筑物,将自然美和人工美在新的基础上统一起来,造成花间隐榭、水际安亭、繁花覆地、亭台突池沼的人间仙境。

园林建筑的主要功能是供人游憩观赏。所以对于园林建筑的艺术要求要高于一般建筑,对于建筑尺度的要求的把握是至关重要的。建筑形式、建筑比例和尺度要因地制宜与周围环境配景相协调;要富于变化,符合基本的空间组景需求。

中国传统建筑各部位的尺度、比例、构件大小是定型化、模数化了的。建筑物各部位之间都有比较固定的比例,形成较固定的法则,这些法则通行于硬山、悬山、庑殿、歇山、攒尖等各种不同形式的建筑,我们把通行于各种建筑的法则称为"通则"。它是一种较为固定的尺度或比例关系是在一定历史阶段普遍使用的建筑中的固定法则,在模型制作过程中,严格遵循这些法则,创作出形式多样、格调统一的建筑模型作品。

传统建筑通则主要涉及以下几个方面:面宽与进深、柱高与柱径、面宽与柱高、收分与侧脚、上出与下出、步架与举架等。为了有针对性地帮助学生了解并运用传统建筑构造的尺度,在这里我们尽可能浅显易懂地介绍以下几个方面，在具体模型制作中可依据这些传统建筑构造的尺度和比例来指导我们的模型制作，但切忌生搬硬套，应该进行变通处理，在保持中国传统建筑共有的风格特点的前提下，只有灵活运用比例尺度设计出的园林模型才能更好地表达出建筑的形式美感。

（一）面宽与进深

传统园林建筑的平面有矩形、长方形、正方形、五角形、六角形、八角形、圆形、曲尺形等各种几何图形。无论哪种形状，在平面上都有面宽与进深尺度。长方形建筑的长边为宽，短边为深，例如一栋三开间北房，它的东西方向为宽，南北方向为深。每座单体建筑又由最基本的单元——间组成，以每四根柱子围成的空间为一间，每间的宽为"面宽"，深为"进深"；若干单间面宽之和组成一栋建筑的总面宽，称为通面宽；若干单间进深之和组成单体建筑的通进深。

正方形建筑的面宽与进深相等，哪个面是面宽，哪个面是进深由建筑物的方位定。

正六方、正八方形建筑物，应以相邻两柱中心之间的直线距离为面宽，圆形建筑的直径相当于进深（图6-1-1）。

（二）面宽与柱高

传统园林建筑的面宽与柱高，在模型制作当中我们主要把握的是面宽与柱高之间的比例关系。一般而言，明间面宽与净柱高的比例在 10∶8～10∶9 之间，其余次、稍各间比例没有固定尺寸比例，不同尺度的建筑有不同的比例关系，具有一定的灵活性（表6-1）。

（三）柱高与柱径

传统建筑的柱子高度与直径有一定的比例关系，一般建筑的柱高与柱径之比在 11∶1～9.5∶1 之间。这种比例关系对一般园林建筑是适用的，但对亭子一类的建筑就另有要求。比如四方亭柱高与柱径的比例为 10∶1；六角亭、八角亭柱高与柱径的比例应控制在 15∶1～12∶1 之间。当然，柱子截面的大小不仅仅与亭子的建筑形式有关，还要考

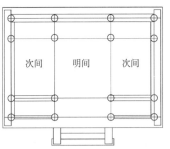

一般建筑的面宽与进深示意图

亭子面宽等尺寸变化幅度表　　表6-1

	四方亭	六方亭	八方亭
亭子面宽尺寸变化幅度(m)	2.4～4	1.2～2.2	1.0～1.7
面宽与柱高比例的变化幅度（面宽/柱高）	10/11～10/8	10/20～10/15	10/25～10/18

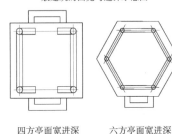

四方亭面宽进深　　六方亭面宽进深

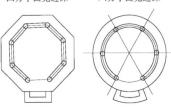

八方亭面宽进深　　圆亭面宽进深

图6-1-1　面宽与进深

虑屋面的重量及其整体稳定性。

（四）收分与侧角

收分：清式建筑的柱子上下两端的直径不相等，根部略粗、顶部略细，这种做法称为收分。一般建筑收分按柱高的 1/100 或 7/1000 之间。例如，柱子根部直径为 27cm，收分以后柱头直径为 24cm。

侧脚：为增强建筑整体稳定性，古建筑最外面一圈柱子的下脚要向外侧移出一定尺寸，使外檐柱子的上端略向内侧倾斜，这种做法称为侧脚。一般侧角与收分尺度基本相同，也按柱高的 1/100 或 7/1000 之间。需要强调说明的是，柱子收分是在原有柱径尺寸的基础上按柱高的 1/100 或 7/1000 减少尺寸作为柱头直径。而侧脚则是在檐步架原有尺寸的基础上向外侧移动位置（图 6-1-2）。

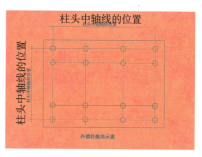

图 6-1-2 外檐柱侧角示意图

（五）步架与举架

一般清式木构架建筑中，相邻两檩中的水平距离称为步架。依位置不同，步架可分为檐步架、脊步架、顶步架。除檐步架、顶步架在尺度上有些变化外，其余各步架的尺寸都基本相同。相邻两檩中的垂直距离称为举高，以举高除以步架之长所得的系数称为举架。在具体制作模型中应根据模型种类、材料、比例进行主观调整（图 6-1-3）。

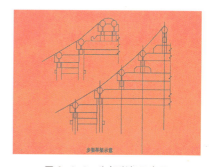

图 6-1-3 步架举架示意图

（六）上出与下出

中国一般古建筑中对出檐有规定，以檐檩中至飞檐椽外皮的水平距离为出檐尺寸，称为上出；尺寸为檐柱高的 3/10。例如檐柱高 300cm，则上出应为 90cm。将上出尺寸均分三等份，其中檐椽出头占两份，飞椽占一份。

下出：中国古建筑是建在台基之上的，台基露出地面部分称为台明，台明由檐柱中向外延展出的部分（对应屋顶的上出），简称下出。下出为上出的 4/5 或 3/4。

上出与下出不等，二者之间的尺度差称为回水，回水的作用在于保证屋檐流下的水不会落在台明上，保护柱根和墙身免受雨水侵蚀的作用（图 6-1-4）。

图 6-1-4 上出下出示意图

第二节　园林模型的设计与制作

园林建筑模型的制作可分为资料的收集、设计构思、模型制作三个大步骤。

一、资料的收集

园林建筑模型的资料收集包括两个部分:文字资料和图片资料。（可通过图书资料、网络、实地拍摄等途径来获取）

文字资料主要是收集有关园林建筑种类、风格、比例、尺寸等文字介绍。

图片资料主要是收集有关园林建筑的平面规划图、建筑构造细部图、建筑实景图片等。

我们在模型制作之前要对收集来的文字资料与图片资料进行认真分析与筛选，作为确定最终制作方案的依据。

二、园林模型设计构思

园林建筑模型的设计构思主要包括:模型方案的确定、模型整体规划形式的设计构思、比例尺寸的设计构思、材料的设计构思、色彩的设计构思。

（一）模型方案的确定

根据筛选后的文字与图片资料来构思模型的制作方案:确定模型的建筑主题、风格、建筑元素的选择与表达方法等。

（二）模型整体规划形式的设计构思

园林建筑模型整体规划形式主要包括建筑主体与配景的规划,它主要涉及到建筑的功能、形态、空间、结构等方面,它要遵循一定的规律;一个好的园林建筑模型要想在形式与内容上达到艺术上的完美统一,需要对模型进行整体的规划、设计、构思。

（三）比例尺寸的设计构思

比例应根据模型的目的与面积来确定，比如单体建筑及少量的群体建筑应选择较大的比例,如1∶50、1∶100等;大的群体建筑应选择较小的比例,如1∶1000、1∶2000等。

（四）材料的设计构思

在制作园林建筑模型之前要选择好相应的材料，应根据建筑设计的特点选择较仿真的材料,既要求材料在色彩、质地、肌理等方面有真实感和整体感,又要求材料具有易加工、易粘接品质。一般常以木制航模板为主材。

（五）色彩的设计构思

在园林建筑模型制作中色彩是体现其真实性的重要方面,要注意色彩构成的原理、功能、对比、调合及色彩设计的应用,同时要尽可能还原建筑的色彩风貌。在模型上色时以丙烯为主要使用颜料。

第三节　园林模型的制作技法

一、制作步骤

（一）放样图纸

首先，根据已选园林建筑方案的风格、样式，按照一定的比例、尺寸绘制平面图、立面图；之后，把确定的平面图放样复制到模型底板上（图6-3-1）。

（二）根据平面图、立面图的尺寸，用铅笔在板材上画出切割线

需要注意的是，板材下料的位置要计算好，以免造成材料的浪费（图6-3-2）。

（三）板材下料切割

板材下料切割时，要注意留出加工打磨的富余量，一般留出2～3mm的富余量（图6-3-3、图6-3-4）。

（四）细加工部件

将切割好的板材部件，根据不同的造型需要，选择相应的打磨工具，如：锉刀、砂纸等进行修整。对于需要加工的镂空部件，如墙龛、门楣、窗棂等，可先在板材上拷贝确定的图案，用锉刀或电钻等工具钻出小孔，之后进行精细打磨（图6-3-5～图6-3-8）。

（五）部件的粘接

部件粘接时要注意部件的粘接顺序，做到尽可能的严丝合缝，尤其要注意各部件角度的精

图6-3-1　对平面图进行分析

图6-3-2　在板材上画出切割线

图6-3-3　下料切割

图6-3-4　对切割好的材料进行打磨

确性,同时,要把握好模型整体的比例、尺寸(图6-3-9、图6-3-10)。

(六)组装成型

将粘接好的各部件按单元进行组装(图6-3-11、图6-3-12)。

图6-3-5 对于需要加工的镂空部件进行图案的确定

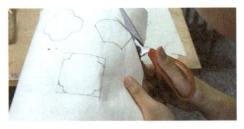

图6-3-6 剪裁图案

图6-3-7 在板材上对拷贝的图案进行镂空

图6-3-8 对镂空部件进行打磨

图6-3-9 结构部件的粘接

图6-3-10 结构部件的粘接

图6-3-11 粘接各部件

图6-3-12 组装成型

二、园林模型中环境的配景方法

在园林模型中,环境的恰当配景也是至关重要的。它可以真实生动地还原园林建筑的风貌,体现园林建筑的风格。

环境的配景主要包括:假山、绿地、树木、道路、水面的处理等。

在模型制作中,环境配景的制作应根据模型的整体艺术氛围,选择适合的材料与加工方法,以达到与建筑主题浑然一体的艺术效果。

1. 假山的制作

制作假山,可以选用泡沫塑料、纸黏土、苯板、石子等材料,用壁纸刀、锉刀、砂纸等工具修剪成所需要的假山造型;根据需要上好颜色或撒上草地粉即可。

2. 绿地的制作

制作绿地,主要有以下两种方法。

一是自制方法:将筛选好的木屑粉分别染成不同明度的绿色,并将之混合,产生较为自然的绿地效果,将乳胶均匀涂抹在模型底板绿地区域,均匀撒上混合好的木屑粉,等乳胶稍干后,喷洒发胶,使之彻底固定。

二是购买草地粉,用上述方法固定在模型底板绿地区域。

3. 树木的制作

制作树木,主要有以下两种方法。

一是自制方法:首先将染好颜色的海绵或泡沫塑料撕成不规则的小块,然后将之捆绑或粘接在拧好的铁丝或树枝上,做出所需要的自然树木的造型即可。

二是购买型材:将购买的树木型材直接固定在模型底板的树木区域。

4. 道路的制作

制作道路,根据不同的造园风格,选择不同的路面表现方法,可以是石板路、石子路。

石板路主要用航模板来表现,将航模板的表面用锉刀或雕刻刀做出石板材质的纹理并根据周围环境上色即可。石子路可用小颗粒的单色或彩色石子按照即定的图案铺设即可。

5. 水面的处理

首先,用毛刷把调制好的蓝绿色刷在透明或半透明的有机玻璃板的背面,然后,将其正面向上放置到模型底板上,再用假山、碎石和道路等围出不规则的水面区域。这里需要注意的是,有机玻璃板的厚度不宜过厚。

第四节 园林模型制作实例

一、南北方造园风格比较

从处理手法上看,南、北园林所遵循的原理大体上是一致的,但由于各自服务的对象不同、所处的地区气候条件不同,传统和风俗习惯不同,因而,使南、北园林都保留着各自的特点和艺术风格。这种特点,首先表现在平面布局上,总而言之,北方园林的布局较为严整,南方园林较为自由、灵活;从建筑形态特征来看,北方园林较为敦实、厚重、封闭,南方园林较为轻巧、通透、开放(图6-4-1、图6-4-2)。

图6-4-1　南方建筑

图6-4-2　北方建筑

二、苏州园林局部模型制作实例

苏州,中国著名的历史文化名城,素以众多精雅的园林名闻天下。明清时期,苏州封建经济文化发展达到鼎盛阶段,造园艺术也趋于成熟,出现了一批园林艺术家,使造园活动达到高潮。

苏州园林是文化意蕴深厚的"文人写意山水园"。古代的造园者都有很高的文化修养,能诗善画,造园时多以画为本,以诗为题,通过凿池堆山、栽花种树,创造出具有诗情画意的景观,被称为是"无声的诗,立体的画"。徜徉其中,可得到心灵的陶冶和美的享受。

苏州园林虽小,但古代造园家通过各种艺术手法,独具匠心地创造出丰富多样的景致,在园中行游,或见"庭院深深深几许",或见"柳暗花明又一村",或见小桥流水、粉墙黛瓦,或见曲径通幽、峰回路转,或是步移景易、变幻无穷。至于那些形式各异、图案精致的花窗,那些如锦缎般的在脚下迁伸不尽的铺路,那些似不经意散落在各个墙角的小品……更使人观之不尽,回味无穷。

1. 准备工作

准备好方案图纸、相应的材料和工具。(在这里介绍的是使用航模版为主要材料制作的模型)(图6-4-3)。

2. 制作步骤

(1)在模型底板上按照方案比例尺寸放样平面图。

(2)建筑主体板材切割:按照建筑构造,从底向上、从大到小、从整体到局部逐个切割所需的主体材料。根

图6-4-3　准备航模板

据平面图、立面图的尺寸,用铅笔在板材上画出切割线,依次切割主殿、游廊、亭子、桥等主体物零部件。

具体细部制作

①主殿的制作办法

切割出台明、山墙、屋顶瓦作、檐柱等部件,将这些部件的衔接面打磨修整,按照建筑结构将其粘接组装(图6-4-4~图6-4-7)。

②游廊的制作方法

首先制作游廊的底盘,按照游廊的柱子间距制作结构框架,注意把握结构的比例合理性,在结构框架上铺设游廊屋面(图6-4-8~图6-4-12)。

③亭子的制作方法

首先按照亭子的边数和尺寸比例制作亭子的底盘以及底盘的台阶。根据亭子的边数和亭身的比例关系用手锯锯出相应数量的柱子,经过打磨、加工统一柱子的尺寸和形态并粘在底盘上,然后根据面宽尺寸在柱子顶端加粘结剂,连接框架。在柱子上端搭建亭子的上檐的内部框架,(在这里要注意的是:从框架的中心延伸出来的各边长度和角度一定要相对应,这样做出的亭子才不会出现不对称或歪斜的情况),在上檐内部框架上铺亭子屋顶,在亭子的顶端,以亭子中心为基点,按相应的间距铺设(图6-4-13)。

④整体完善(图6-4-14、图6-4-15)

对模型作最后的调整,从主体建筑到环境配景等。

图6-4-4 主殿结构组装(一)

图6-4-5 主殿结构组装(二)

图6-4-6 主殿结构组装(三)

图6-4-7 完成主殿组装

图6-4-8 制作游廊的底盘

图6-4-9 制作游廊的柱子

图6-4-10 制作游廊

图6-4-11 制作游廊部件

图6-4-12 完成游廊制作

图6-4-13 亭子的制作

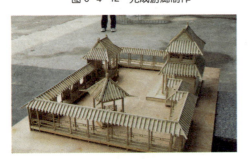

图6-4-14 整体园林模型

图6-4-15 园林模型

第七章　展示模型的设计与制作

在了解展示模型的制作之前,我们要先对展示这门艺术做一个了解,明确展示设计的基本内涵,对于我们后期的展示模型制作有很大的帮助。

第一节　概　述

一、展示设计定义

展示艺术是以科学技术和艺术为设计手段,并利用传统或现代的媒体对展示物及展示环境进行系统的策划、创意、设计及实施的过程。展示一词的含义很广,有展现、展出、示范的含义,博物馆是展示艺术,展览会也属于展示艺术,总之,它有着非常广泛的涉及面。

展示艺术也是一种综合媒介,有着其他媒介不可比拟的优势。它不仅结合了美术、视觉传达和造型艺术,而且广泛涉及到制造、IT、电气等现代科技行业,并以静态、动态和互动的手段使参观者主动参与到展示活动中。它现场感强、直观、形象、通俗易懂、深入浅出,采用各种方法向人们传递可视的、可听的、可触摸的信息,使人们在身临其境的氛围中,感受展示艺术的魅力。

展示艺术以前被称为展览艺术,但二者却有很大的区别。展览,只是把事物陈列、摆放出来,供人们观看欣赏;而展示则是动态的,主动把事物表现出来,引人观看。

二、展示设计的发展

在人类发展史上,很早以前就已经有了某种程度上的展示艺术的陈列活动了。开始时是统治者和贵族利用宗教向人们展示自己的权威。后来随着商品经济的发展,出现了用于产品交换和商品交易的场所,这就形成了最初的商品展示会。18世纪末在欧洲开办的世界性博览会标志着展示艺术作为一门学科正式建立。随后,各种不同内容、不同范围、不同规模的博览会、展览会相继举办。在这期间,作为展示空间设计的辅助手段的展示模型也一直在发挥着重大的作用。并且随着社会的进步、经济的发展,展示设计中使用的新技术、新材料也不断地涌现,使得展示空间形式更加灵活、多样,具有吸引力。

三、展示的分类

(一)分类方法

(1)按展示内容分类:文化类、商业类、科普类、纪念类、娱乐类等。

(2) 按展示的规模分类：小型、中型、大型、超大型。

(3) 按类别分类：综合性展览、专题性展览或行业性展览、会展结合型展览。

(4) 按地域区别分类：国家级、省级、部级、市级等。

(5) 按时间和地点分类：长期展、固定期展、短期展、不定期展和巡回展。

（二）常见展示的类型

(1) 展览会、博览会展示。

(2) 博物馆展示。

(3) 橱窗展示。

(4) 购物环境展示。

(5) 观光景点展示。

(6) 节庆礼仪展示。

四、展示模型中空间的构成

展示模型的空间主要是由空间界面（水平面、折面、弧面、球面）组成的多维空间，在展示空间中，观者可闻、可问、可见、可摸，可以从不同的角度观察、体验、感受、参与，展示空间是流动的多维空间。

（一）展示空间的构成

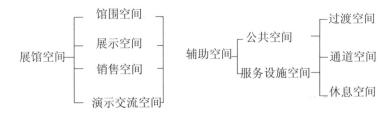

图 7-1-1　展示空间构成结构图

大小规模不同的展示活动，都需要一个展示场馆，展馆空间通常是在建筑空间所界定的范围内。其展示空间构成如图 7-1-1 所示。

（二）展示空间的构成形式

展示模型空间的构成形式分为：摊位式、层次复式、庭院式、通道式、模拟式、空吊式。它们没有明确的界线，较多的是互相渗透、互相连接，整体感较强，具有较好的层次感和人流空间。

（三）展示模型空间的表现形式

展示模型的空间主要有室外和室内两大类组成。它又可分为开放空间、封闭空间、结构空间、动态空间、静态空间、悬浮空间、流动空间、虚拟空间、共享空间（图 7-1-2）。

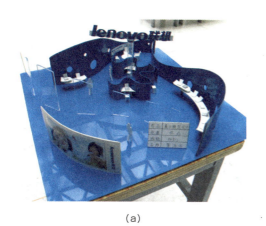

(a)　　　　　　　　　　　　　　　　(b)

图 7-1-2　展会展示模型

（四）展示模型空间的结构设计

1. 特殊结构形式

采用最新创意,用独特的表现形式,不受客观展示条件的制约和束缚,构思奇巧,形成备受观众注视的独立设计空间。

2. 国际标准摊位设计

采用统一的铝合金组合展架,在规定的范围内完成布展。特点是经济实用、组合方便,多用于洽谈会、画展等小型展示,但缺少个性,显得单调。

（五）展示模型中的展示道具

我们在制作展示模型过程中,必须要对展示空间中必须用到的展示道具进行了解,便于制作细部时更加细致、全面。

展示道具通常是指展架、展板、展柜、展台等各种展示中陈列和装饰展品的必备用具。

（1）展架:是用于支撑固定展板、拼联组合展台、展柜等的骨架。展架也可直接作为构成摊位的隔断和顶棚。

（2）展台:是展示实物展品的台面,既可使展品与地面彼此隔离,衬托和保护展品,又可进行组合,起到丰富空间层次的作用。

（3）展柜:是保护和突出重要展品的道具,通常有高展柜、矮展柜、布景箱等。

（4）展板:主要是用以展示版面图文内容和分隔室内空间的平面道具,有与标准化系列道具相配套的规范化展板和自由式展板两种形式。展板的常用尺寸中兼做隔墙的展板尺寸一般宽度为 1500mm、1800 mm、2000 mm、2500 mm, 高度为 2200 mm、2400 mm、2600 mm、3000 mm、3200 mm 不等。可固定在展架上的展板或吊挂式展板尺寸不宜过大, 一般采用 900 mm × 1800 mm、1200 mm × 1800 mm、1200 mm × 2400 mm 等几种规格。我们在具体的制作过程中,可以根据需要，按照一定的比例缩小，进行制作。

（5）辅助设施：展示模型空间中经常会使用一些用以保护陈列展品的栏杆、指引导向的路标、说明标牌以及分散人流的屏风等，它们均是不可缺少的辅助道具。

栏杆包括整体固定式和拆装移动式两种。按结构又可分为勾挂式、沟槽滑轨式和柱形滑块联结式等。

指引导向的标牌、路标，一般高度为1300～1700mm之间，底座可采用圆盘形、三角形、方锥形、十字形等，中央立柱可采用各类圆管或方管制作，顶端装配标牌版面。

屏风，分为隔绝式和通透式两种。结构可分为座屏、联屏、插屏和折屏等形式。以长2500～3000mm、高900～1200mm的单片宽度为多。如按功能分，又可分为迎门屏、序幕屏、标语屏、装饰屏与断屏等。

（6）互动式展具：是增强观众参与性的重要展具，一般利用科技含量较高的技术手段来实现，主要有触摸式大屏幕、多媒体影像、动态捕捉等。

第二节　展示模型的种类

依照展示空间和展示物的形状与结构，按一定的比例制成的立体展示效果则称为展示模型。展示模型可以表现平面预想图效果中无法表现的三维空间效果，也是对展示效果的检验。整个模型的制作过程是一个从方案设想和设计计划逐步展开到客观实体的实现过程。因此，展示设计师必须具备制作模型的知识和技巧，以便自己动手或指导工人制作模型，并在模型制作过程中及时发现问题并提出修改意见，从而获得满意的展示空间效果。

一、按表现形式分类

根据表现形式分类，可分为展示创意模型、展示研究模型、展示精致模型以及特种模型等。

（一）展示创意模型

它指在展示设计策划初期所制作的模型，是展示设计的立体"草图"，具有较强的灵活性和快捷性等特点。创意模型主要是用于捕捉设计师的创造性灵感，将设计师的抽象创意性思维转换成具象的三维立体展示空间，达到拓展思路和完善设计方案的目的。此类模型着重于整体性的研究，主要用于展示空间的整体创意与分割组合。因此应选用成形的材料，其模型的比例尺度没有严格的要求。

（二）展示研究模型

研究模型又称测试模型，是以合理的结构为基础而具有试验价值的模型。此类模型主要用于展示形态结构的推敲、空间尺度的分析、视觉效应的研究以及人体工学的研究等方面。模型的制作范围，除表现整体展示空间的形态结构外，也可制作局部的、单体的测试模型。在研究模型的制作过程中,展示设计师应主动与工程师通力合作,以实现艺术与技术设计的尽善尽美。

(三)展示精致模型

精致模型又称精密模型或方案表现模型,是展示方案的最终评估,也是最接近展示方案的模型。主要用于上报审批、投标审定和存档等,还可作为摄影广告展示陈列的宣传之用。要求模型的制作应严格按照展示空间实体形态较准确的比例进行缩制,并选用近似的材料达到做工精巧、色彩与气氛逼真的效果。

(四)特种模型

供特殊展示用的模型叫做特种模型。此模型主要指供特殊旅游环境或展览、博览会的特种模型。用于展出演示的大型机械或小区规划等的展示模型,常采用带有动感和音响的电子、机械传动装置。

二、按制作材料分类

根据制作材料分类,主要有有机玻璃模型、卡纸模型、吹塑模型、木制模型、综合材质模型。

第三节　展示模型的制作方法

一、展示模型制作的工具材料及其他应用

(一)展示模型制作工具

1.切割工具

包括工具刀、单双面刀片、手术刀、尖头木刻刀与电热锯、电动线锯等。主要用于切割纸类或板类材料。

2.辅助工具

包括供切割材料时定位用的钢板尺、做斜割60°吹塑板使用的定位三棱比例尺,打磨修整有机板用的什锦组锉、台虎钳、电钻、电吹风以及各类粘合剂等。

(二)展示模型制作材料

1.高档材料

包括供制作底盘、水面、建筑墙体、台阶踏步、展示空间隔断、展板、汽车等配景用的有机玻璃板材;供制作底盘、玻璃幕窗、大面积镜面装饰等用的各色镜面玻璃;供展示建筑物的局部装饰、立柱、图案、标志或字体等用的金、银铂纸;供制作台面、墙面、屋顶、板面裱贴用的各类壁纸、布;供制作建筑和展示物的框架、立柱、陈列架等用的铝合金和各类塑料管材,以及用于墙面隔断制作的各色塑料地板块等。

2.低档材料

包括聚苯乙烯泡沫塑料块,主要用于模型实体部分的毛坯,也可作简易模型的底盘;各种

颜色的即时贴与茶色涤纶纸,主要用于制作模型门窗和作底盘贴面用;吹塑纸、吹塑板,用做建筑阳台、墙面、道路、台阶、屋顶、隔断板面等;绒纸、砂纸,可用作绿地、草坪、步行道、广场、地毯等;彩色橡皮块、橡皮泥、海棉、固体石膏以及泡沫板,用作汽车、树木等配景。

二、材料的加工方法

(一)有机玻璃的加工方法

利用尖头木刻刀或工具刀在有机玻璃上刻画所需规格的格子或条纹,再将白色水粉填入刻纹内,擦净其表面,即可加工成玻璃幕墙或地面。

将各色有机玻璃加工成 90°的锯齿形断面,可制作台阶、踏步。

用透明有机玻璃,通过火烤、加热,弯折成弧形或所需角度,可加工展柜、建筑天窗、角橱或透光风雨篷等。

(二)纸材的加工方法

当模型制作中选择使用纸材时,一般较常用的是质感较硬的瓦楞纸、吹塑纸等作衬,在其表面再裱糊各类金银即时贴、锡箔纸、细纹纸和装饰壁纸等。加工后的细纹纸和壁纸主要用来制作墙壁和天花板。也可用大头针在各色吹塑纸上刻画平行、垂直、倾斜的条纹或肌理,可制作瓦、墙面、壁砖、广场、停车场以及人行道等。

(三)模型底盘的加工方法

展示模型底盘一般以木质的为基面,在其表面根据需要粘上绒纸、吹塑纸或有机玻璃、即时贴等材料作为装饰。红色绒纸可作为地毯装饰,绿色的则可用作草坪、绿地装饰,深灰色的吹塑纸可做道路、广场。水面底盘,是将深蓝色有机玻璃粘铺于底板上,再粘上地面材料,空出水面部分即可。大面积广场底盘的处理是采用吹塑纸、砂纸或有机玻璃、茶色玻璃做地面材料,并使用相应的加工方法,处理出不同质感的纹理,然后粘在底板上。

三、灯光等线路装置

在制作大型展示模型时,为使效果更生动,更加接近实物,常常会在模型中使用灯光效果。

(一)发光显示装置

主要指指示灯泡、光导纤维、发光二极管等。指示灯泡与灯管,其亮度高、易安装,但升温较快,适用于表现大面积的照明环境;光导纤维,光点直径小、亮度高,适用于表现线状景物;发光二极管,其价格低廉、电耗量少、体积小、无升温现象,适用于表现点状或线状物象。

(二)电路

主要包括手动控制电路、半自动电路、全自动电路等。

1.手动控制电路

其发光光源有并联式和串联式两种方法。并联式接法的优点在于电压低、安全可靠,若某组光源中有一个损坏,不影响本组光源中其他光源的使用。但由于电流量大,必须配置电压器,造价较高。串联式接法的优点是安装简便、造价低廉。缺点是因每组光源串联电压为220V,若某组有一光源损坏,则会导致全组光源不亮。

2. 半自动电路

其电路工作程序为:触点—控制延时—执行—显示。这种电路可采用多种设计形式,如在讲解棒前段设置一个小光源,将其对准模型中特定部位的光敏电阻,再按讲解棒上的开关,使小光源发光,因光敏电阻受光后阻值的变化,控制电路即可开始工作。

3. 全自动电路

主要用于闪光效果,有常亮、循环、群闪和单闪等的效果展示。常用的"自动讲解机"的制作程序就是,先制作讲解词,并将控制信号录在对应装置上,目的是控制相应的各讲解点的亮光与动作,从而达到声光同步的生动效果。

第四节 展览、展示模型的制作实例

一、模型内容简介

根据设计方要求,此展示模型为展览会展示模型,根据展览会展示设计的功能、结构和整体风格进行材料的选择、制作和艺术处理。

二、制作前的准备

(一)熟悉设计图

在开始进行模型制作时,首先要充分的熟悉和了解图纸,包括总规划图、总平面图或各个区域平面图,各个立面图以及材料等说明等。明确模型制作的标准、规格、比例、功能、材料、时间及客户的特殊要求等问题。

(二)拟订模型制作方案

根据设计图的基本要求进行构思,拟订出具有可行性的具体的制作方案。具体有空间结构、材料选用、色彩搭配等问题。

三、制作阶段

(一)放缩图纸的比例

以方案设计图为原形,根据拟订的制作方案进行模型图比例的缩放。放缩时,可以将原有的设计图适当简化,以便制作时概括和突出主体重点部分(图7-4-1)。

(二)下料

展示空间中的空间形态是千姿百态的,有各种形状的框架组成,所以,我们在制作模型框架时,也应该根据其特定的形态、结构、块面的变化进行合理设计(图7-4-2)。

(三)打磨、粘合与精细加工

打磨各块构件,然后进行模型组合,在模型组合完毕后,逐一进行整体修整,并精细加工(图7-4-3)。

图7-4-1 展会展示模型

图7-4-2 剪裁材料

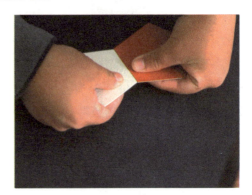

图7-4-3 粘合零部件

第八章 模型作品赏析

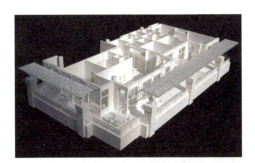

图 8-1 住宅结构模型;制作材料是 ABS 板

图 8-2 建筑规划模型;制作材料是 ABS 板

图 8-3 建筑单体模型;制作材料是三合板

图 8-4 建筑单体模型;制作材料是木材

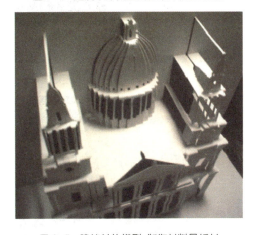

图 8-5 建筑单体模型;制作材料是纸材

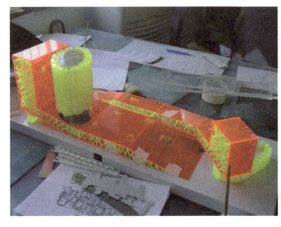

图 8-6 建筑单体方案模型;制作材料是彩色有机玻璃

第八章 模型作品赏析

图8-7 场景模型；制作材料是ABS板、纸材

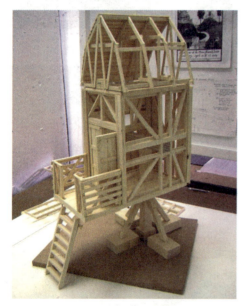

图8-9 单体结构模型；制作材料是木材

图8-11 场馆模型；制作材料是ABS板

图8-8 建筑单体模型；制作材料是木材

图8-10 景观展示模型；制作材料是塑料板

图8-12 景观规划模型；制作材料是塑料板

第八章 模型作品赏析

图8-14 卧室展示模型；制作材料是塑料板、布料、即时贴

图8-13 建筑区域局部细节模型；制作材料是纸材、塑料板

图8-15 卧室展示模型；制作材料是塑料板、布料、即时贴

图8-16 园林景观模型；制作材料是塑料板、石膏

109

第八章　模型作品赏析

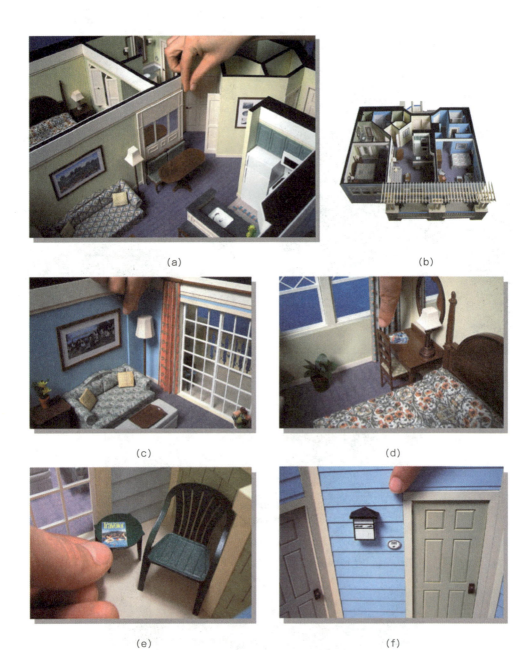

图 8-17　住宅室内细节模型；制作材料是塑料板、即时贴

第八章 模型作品赏析

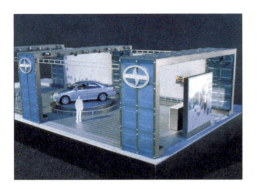

图 8-18　车展展会展示模型；
制作材料是塑料板、有机玻璃

图 8-19　展会展示模型；
制作材料是塑料板、有机玻璃、即时贴

优秀学生作品

图 8-20　车展展会展示模型；
制作材料是塑料板、有机玻璃、即时贴

图 8-21　别墅建筑模型；制作材料是纸材

图 8-22　建筑模型；制作材料是纸材

图 8-23　别墅建筑模型；制作材料是木材

第八章　模型作品赏析

图8-24　别墅建筑模型；制作材料是纸材、木材、石膏

图8-25　别墅建筑模型；制作材料是纸材、木材

图8-26　建筑概念模型；制作材料是纸材、有机玻璃

图8-27　园林景观模型；制作材料是木材、纸材、泡沫塑料

图8-28　品牌展示会模型；制作材料是纸材、有机玻璃

图8-29　品牌展示会模型；制作材料是纸材

图8-30　品牌展示会模型；制作材料是纸材、有机玻璃、铁丝

图8-31　品牌展示会模型；制作材料是纸材、木材

第八章　模型作品赏析

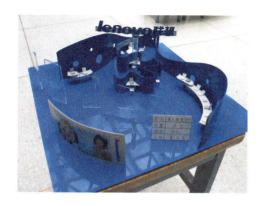

图 8-32　品牌展示会模型；制作材料是纸材、塑料板、有机玻璃

图 8-33　品牌展示会模型；制作材料是纸材、有机玻璃

图 8-34　品牌展示会模型；制作材料是纸材、有机玻璃

图 8-35　品牌展示会模型；制作材料是纸材

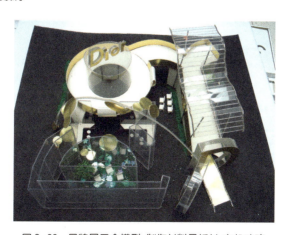

图 8-36　品牌展示会模型；制作材料是纸材、有机玻璃

参考书目

1 蒋尚文,莫钧. 展示设计 [M]. 长沙:中南大学出版社出版
2 谢大康. 产品模型制作 [M]. 北京:化学工业出版社出版
3 郎世奇. 建筑模型设计与制作 [M]. 北京:中国建筑工业出版社
4 李敬敏. 建筑模型设计与制作 [M]. 北京:中国轻工业出版社
5 赵云川. 展示设计 [M]. 北京:中国轻工业出版社
6 [英]汤姆·波特,约翰·尼尔.建筑超级模型 [M]. 段炼 蒋方译. 北京:中国建筑工业出版社
7 沃尔夫冈·科诺,马丁·黑辛格尔.建筑模型制作 [M]. 刘华岳译. 大连:大连理工大学出版社